尼康
D780
摄影与视频拍摄技巧大全

雷波 编著

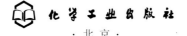

化学工业出版社
·北京·

内容简介

本书是一本全面解析尼康 D780 强大功能、实拍设置技巧及各类拍摄题材实战技法的实用类书籍,不仅针对相机结构、菜单功能以及摄影基础知识进行了详细的讲解,更有丰富的菜单操作图示,即使是没有任何摄影基础的初学者也能够根据这样的图示,玩转相机的菜单及功能设置。同时,本书以大量精美的实拍照片,深入剖析了使用尼康 D780 拍摄人像、风光、昆虫、鸟类、花卉、建筑等常见题材的技巧,以便读者快速提高摄影技能,达到较高的境界。

随着短视频和直播平台的发展,越来越多的朋友开始使用相机拍 Vlog、做直播,因此,本书专门针对视频拍摄所需要的菜单设置、器材和拍摄技巧进行了详解,让读者紧跟潮流玩转新媒体。

全书语言简洁,图示丰富、精美,即使是接触摄影时间不长的新手,也能够通过阅读本书在较短的时间内精通尼康 D780 相机的使用并提高摄影和摄像技能,从而创作出令人满意的作品。

图书在版编目(CIP)数据

尼康 D780 摄影与视频拍摄技巧大全/雷波编著. —北京:
化学工业出版社,2020.11
ISBN 978-7-122-37772-2

Ⅰ.①尼… Ⅱ.①雷… Ⅲ.①数字照相机-单镜头反光照相机-摄影技术 Ⅳ.①TB86②J41

中国版本图书馆 CIP 数据核字(2020)第 177601 号

责任编辑:孙 炜 李 辰   装帧设计:王晓宇
责任校对:李雨晴

出版发行:化学工业出版社(北京市东城区青年湖南街 13 号 邮政编码 100011)
印　　装:天津图文方嘉印刷有限公司
710mm×1000mm　1/16　印张 13$\frac{1}{2}$　字数 337 千字　2021 年 1 月北京第 1 版第 1 次印刷

购书咨询:010-64518888   售后服务:010-64518899
网　　址:http://www.cip.com.cn
凡购买本书,如有缺损质量问题,本社销售中心负责调换。

定　　价:118.00 元   版权所有　违者必究

前　言

　　Nikon D780 相机是一款全画幅的数码单反相机，置入了尼康 FX 格式背部入射式 CMOS 影像传感器，具有约 2450 万有效像素和 ISO100~ISO51200 感光度，在取景器拍摄模式下，51 点自动对焦系统能够紧密地侦测和跟踪拍摄对象，而在即时取景拍摄方面具有 273 点宽覆盖范围和眼部侦测自动对焦，可以轻松应对各种拍摄题材。在视频拍摄方面，提供了丰富的影像创作功能，支持延时视频、高动态范围（HDR）的 4K 超高清、30P（HLG）等多种视频功能。集如此多优秀功能于一身的 Nikon D780 相机，无论是拍摄照片还是视频，都有着超凡表现。

　　本书是一本全面解析 Nikon D780 强大功能、实拍设置技巧及各类拍摄题材实战技法的实用书籍，通过实拍测试及精美照片示例，将官方手册中没讲清楚或没讲到的内容以及抽象的功能，形象地展现出来。

　　在相机功能及拍摄参数设置方面，本书不仅针对 Nikon D780 相机的结构、菜单功能以及光圈、快门速度、白平衡、感光度、曝光补偿、测光、对焦、拍摄模式等设置技巧进行了详细的讲解，更附有详细的菜单操作图示，即使是没有任何摄影基础的初学者也能够看懂及使用。

　　在视频拍摄方面，本书讲解了保持相机稳定的设备和技巧、存储设备、采音设备、灯光设备，以及直播所需专业级别的视频拍摄手法，如了解录制参数、录制视频的基本操作方法、运镜方式、常用的镜头术语、分镜头脚本等，相信用户在学习完这些内容以后，用 Nikon D780 相机拍摄并制作出漂亮的视频将变得轻而易举。

　　在镜头与附件方面，本书针对数款适合该相机使用的高素质镜头进行了详细点评，同时对常用附件的功能、使用技巧进行了深入解析，以方便各位读者有选择地购买相关镜头及附件，与 Nikon D780 相机配合使用，拍摄出更漂亮的照片及视频。

　　在实战技术方面，本书通过展示大量精美的实拍照片，深入剖析了使用 Nikon D780 相机拍摄人像、风光、动物、建筑等常见题材的技巧，以便读者快速提高摄影水平。

　　经验与解决方案是本书的亮点之一，本书精选了数位资深摄影师总结出来的关于 Nikon D780 相机的使用经验及技巧，相信它们一定能够让广大摄影爱好者少走弯路，感觉身边时刻有"高手点拨"。此外，本书还汇总了摄影爱好者初上手使用 Nikon D780 相机时可能会遇到的一些问题、问题出现的原因及解决方法，相信能够解决许多摄影爱好者遇到问题时求助无门的苦恼。

　　如果希望与笔者或其他爱好摄影的朋友交流与沟通，各位读者可以添加我们的客服微信 momo521_hello 与我们在线沟通交流，也可以加入摄影交流 QQ 群与众多喜爱摄影的小伙伴交流，群号为 327220740。如果希望每日接收到新鲜、实用的摄影技巧，可以关注我们微信公众号"好机友摄影"，或在今日头条、百度中搜索"好机友摄影学院""北极光摄影"并关注我们的头条号、百家号。

编　者

2020 年 6 月

目 录

第 1 章 掌握 Nikon D780 从机身开始

第 2 章 初上手一定要学会的菜单设置

第 3 章 必须掌握的基本曝光与对焦设置

第 4 章 活用曝光模式拍出好照片

第 5 章 拍出佳片必须掌握的高级曝光技巧

第 6 章 拍摄 Vlog 视频需要准备的硬件及需要理解的参数

第 7 章 拍摄 Vlog 视频或微电影需要了解的镜头语言

第 8 章 不可忽视的即时取景与视频拍摄功能

第 1 章 掌握 Nikon D780 从机身开始

Nikon D780 相机

正面结构

❶ Fn按钮

此按钮为自定义功能按钮，在"自定义控制功能"菜单中可指定其功能

❷ 手柄

在拍摄时，用右手持握此处。该手柄遵循人体工程学的设计，持握起来非常舒适

❸ Pv按钮

此按钮的默认功能为预览景深，在"自定义控制功能"菜单中可将其变更为其他功能

❹ 副指令拨盘

通过旋转副指令拨盘可以改变光圈、色温的数值，或用于播放照片等

❺ 快门释放按钮

半按快门可以开启相机的自动对焦及测光系统，完全按下时即可完成拍摄。当相机处于省电状态时，轻按快门可以恢复工作状态

❻ 自拍指示灯

当设置自拍模式时，此灯会连续闪光进行提示

❼ 镜头释放按钮

用于拆卸镜头，按此按钮并旋转镜头的镜筒，可以把镜头从机身上取下来

Nikon D780 相机
顶面结构

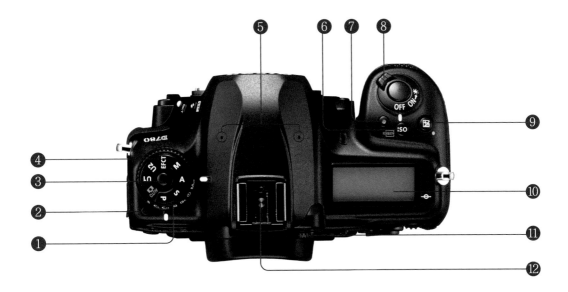

❶ 释放模式拨盘

按下释放模式拨盘锁定解除按钮并同时旋转此拨盘可选择不同的快门释放模式

❷ 释放模式拨盘锁定解除按钮

按下此按钮并旋转释放模式拨盘可选择一种快门释放模式

❸ 拍摄模式拨盘锁定解除按钮

按下此按钮即可解锁拍摄模式拨盘，以便旋转模式拨盘选择所需拍摄模式

❹ 拍摄模式拨盘

用于选择不同的拍摄模式，以便拍摄不同的题材

❺ 立体声麦克风

在拍摄短片时，可以通过此麦克风录制立体声音频

❻ ISO按钮

按住此按钮并旋转主指令拨盘可调整 ISO 感光度的数值

❼ 视频录制按钮

按下视频录制按钮将开始录制视频，显示屏中会显示录制指示及可用录制时间，再次按下视频录制按钮将结束录制视频

❽ 电源开关

用于控制相机的开启及关闭

❾ 曝光补偿按钮/双键重设按钮

按住此按钮并旋转主指令拨盘，可以调整曝光补偿值；同时按此按钮和🔍（🔘）按钮2秒以上，可以将可将部分相机的设定恢复为默认值

❿ 控制面板

可设置绝大部分常用的拍摄参数

⓫ 屈光度调节控制器

对于视力不好又不想戴眼镜拍摄的用户，可以调整屈光度，以便在取景器中看到清晰的影像

⓬ 配件热靴

用于外接闪光灯，热靴上的触点正好与外接闪光灯上的触点相合。也可以外接无线同步器，在有影室灯的情况下起引闪的作用

Nikon D780 相机

背面结构

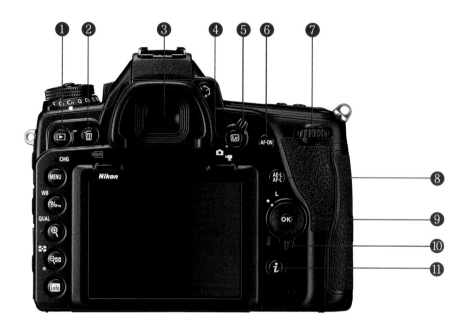

❶ 播放按钮

按下此按钮,可切换至查看照片状态

❷ 删除/格式化存储卡按钮

在查看照片时,按下此按钮,屏幕中将显示一个确认对话框,再次按下此按钮可删除图像并返回播放状态。同时按住ISO按钮和此按钮直至闪烁的For(格式化)出现在控制面板和取景器中时,可以格式化当前选择的存储卡

❸ 取景器接目镜

在拍摄时,通过观察取景器接目镜中的景物可以进行取景构图

❹ LV按钮

按下此按钮后,反光板将弹起,此时可从显示屏中观察拍摄场景

❺ 即时取景选择器

将即时取景选择器拨至❍,可以在即时取景状态下拍摄照片;将即时取景选择器拨至🎥,可以在即时取景状态下录制视频

❻ AF-ON按钮

按此按钮可以激活自动对焦;在即时取景状态下,使用多重选择器选择对焦点,然后按AF-ON按钮,相机将正常对焦并设定曝光

❼ 主指令拨盘

用于改变快门速度数值或播放照片等

❽ AE-L/AF-L锁定按钮

用于锁定曝光、对焦等,可在"自定义设定"菜单中改变其功能设置

❾ 多重选择器

用于选择菜单命令、浏览照片、选择对焦点等

❿ 对焦选择器锁定开关

将对焦选择器锁定开关转至"●"位置,多重选择器便可用于选择对焦点;当将对焦选择器锁定开关转至"L"时,将锁定所选对焦点的位置

⓫ i按钮

在播放照片、取景器拍摄、即时取景拍摄以及视频录制期间,按此按钮可快速访问常用设定

① info（信息）按钮

按下此按钮，显示屏中将会显示拍摄信息

② 缩略图按钮/ 缩小按钮/测光按钮/双键重设按钮

在回放照片时，按此按钮可以缩小缩略图或照片的显示比例；按此按钮并同时转动主指令拨盘可以选择测光模式；同时按此按钮和曝光补偿按钮 2s 以上，可将部分相机的设定恢复为默认值

③ 放大按钮/QUAL按钮

在查看已拍摄的照片时，按住此按钮可以放大照片以观察其局部；按此按钮并旋转主指令拨盘可以选择图像品质；按住此按钮并旋转副指令拨盘可以选择图像尺寸

④ 帮助按钮/保护按钮/WB按钮

在选择菜单命令或功能时，按此按钮可查看相关的帮助与提示；在查看照片时，按此按钮可以保护该照片不被误操作；在拍摄前，按住此按钮并旋转主指令拨盘，可以选择白平衡模式

⑤ MENU菜单按钮

按此按钮后可显示相机的菜单

⑥ 充电指示灯

相机充电期间，此灯会亮起琥珀色，充电完成后，指示灯将熄灭

⑦ 可翻折显示屏

使用显示屏可以设定菜单功能、实时显示照片和短片以及回放照片和短片；此显示屏可以翻折一定的角度，摄影师在拍摄时可以向上或向下翻折，以满足不同角度的拍摄需求；此外，此显示屏还可以触摸操作，支持触摸对焦与拍摄照片；还可通过滑动或点击的方式来播放照片或设定菜单

⑧ OK（确定）按钮

用于选择菜单命令或确认当前的设置

⑨ 扬声器

用于在播放视频时播放声音

⑩ 存储卡存储指示灯

插入和取出存储卡及使用存储卡保存和读取照片时，该指示灯会点亮

Nikon D780 相机

侧面结构

❶ 存储卡插槽盖

打开此盖可拆装存储卡。Nikon D780相机提供了两个存储卡卡槽，可以安装SD 、SDHC 、SDXC 存储卡

❷ 闪光模式/闪光补偿按钮

按住此按钮并旋转主指令拨盘，可以设置闪光模式；按住此按钮并旋转副指令拨盘可以设置闪光补偿值

❸ BKT按钮

按住此按钮并旋转主指令拨盘可以选择包围曝光的拍摄张数；按住此按钮并旋转副指令拨盘可以选择包围曝光的曝光增量

❹ 安装标志

将镜头上的白色标志与机身上的白色标志对齐，旋转镜头，即可完成镜头的安装

❺ AF模式按钮

按住此按钮并旋转主指令拨盘，可选择所需的对焦模式；按住此按钮并旋转副指令拨盘，可选择所需的AF区域模式

❻ 对焦模式选择器

要使用自动对焦模式进行对焦，则将对焦模式选择器旋转至AF；要使用手动对焦模式进行对焦，则将对焦模式选择器旋转至M

❼ 外置麦克风接口

用来连接麦克风

❽ 耳机接口

用来连接耳机

❾ 配件端子

用于插入快门线或无线遥控器等附件设备

❿ USB接口

利用USB连接线可将相机与计算机连接起来，在计算机上查看图像；连接打印机可以进行打印

⓫ HDMI接口

高清晰度多媒体接口（HDMI）连接线可用来将相机连接至高清视频设备上

Nikon D780 相机

底面结构

❶ 电池舱盖锁闩

安装电池时，应先移动电池舱盖锁闩，然后打开舱盖

❷ 电池舱盖

打开该舱盖可安装和更换锂离子电池

❸ 脚架连接孔

用于将相机固定在脚架上。可通过顺时针转动脚架快装板上的旋钮，将相机固定在脚架上

Nikon D780 相机
光学取景器

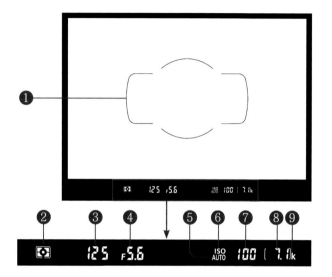

❶ AF区域框
❷ 测光模式
❸ 快门速度
❹ 光圈（F值）
❺ 自动ISO感光度指示
❻ ISO感光度指示
❼ ISO感光度数值
❽ 剩余可拍摄张数
❾ "K"（当剩余存储空间足够拍摄1000张以上照片时出现）

Nikon D780 相机
控制面板

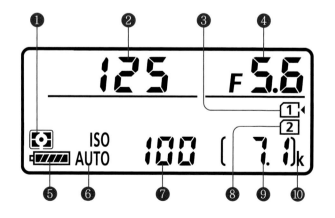

❶ 测光模式
❷ 快门速度
❸ 插槽1存储卡图标
❹ 光圈（F值）
❺ 电池电量指示
❻ 自动ISO感光度指示/ISO感光度指示
❼ ISO感光度
❽ 插槽2存储卡图标
❾ 剩余可拍摄张数
❿ "K"（当剩余存储空间足够拍摄1000张以上照片时出现）

Nikon D780 相机

显示屏参数

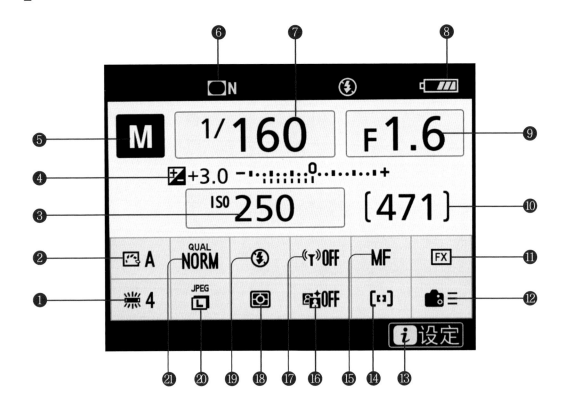

1. 白平衡
2. 优化校准
3. ISO感光度
4. 曝光指示/曝光补偿指示
5. 曝光模式
6. 暗角控制指示
7. 快门速度值
8. 电池电量指示
9. 光圈（F值）
10. 剩余可拍摄张数
11. 选择影像区域
12. 自定义控制
13. i图标
14. AF区域模式
15. 对焦模式
16. 动态D-Lighting
17. WI-FI连接
18. 测光模式
19. 闪光模式
20. 图像尺寸
21. 图像品质

第 2 章　初上手一定要
学会的菜单设置

菜单的使用方法

Nikon D780 的菜单功能非常强大，熟练掌握菜单相关的操作，可以帮助我们进行更快速、准确的设置。下面先来介绍一下机身上与菜单设置相关的功能按钮。

● 菜单按钮
按此按钮即可在显示屏中显示菜单项目

● 帮助按钮
在选择各个菜单命令时，按下此按钮可以查看基本的功能介绍

● OK按钮
用于选择菜单命令或确认当前的设置

● 主指令拨盘
用于选择不同的参数

● 多重选择器
用于选择菜单命令。按下◀或▶方向键还可以在子菜单与上级菜单之间进行切换

使用菜单时，可以先按 MENU 按钮，在显示屏中就会显示相应的菜单项目，菜单左侧从上到下有 8 个图标，代表 8 个菜单项目，依次为播放▶、照片拍摄🎞、视频拍摄🎥、自定义设定✎、设定🔧、润饰🖌、我的菜单📝，以及最底部的"问号"图标（即帮助图标）。当"问号"图标出现时，表明有帮助信息，此时可以按下帮助按钮进行查看。

菜单的基本操作方法如下：

❶ 要在各个菜单项之间进行切换，可以按◀方向键切换至左侧的图标栏，再按▲或▼方向键进行选择。

❷ 在左侧选择一个菜单项目后，按▶方向键可进入下一级菜单中，然后可按▲和▼方向键选

择其中的子菜单命令。

❸ 选择一个子菜单命令后，再次按▶方向键进入其参数设置页面，可以使用主指令拨盘、多重选择器等在其中进行参数设置。

❹ 参数设置完毕后，按OK按钮即可确定参数设置。在大多数情况下，还可以按▶方向键或多重选择器中央按钮保存设置；如果按◀方向键则返回上一级菜单中，并不保存当前的参数设置。

由于 Nikon D780 相机的液晶显示屏是可触摸操作的，所以在使用菜单时，也可以通过点击屏幕进行操作，如下所示。

↓ 设定步骤

❶ 在左列菜单图标栏中点击选择所需的图标

❷ 点击选择要修改的菜单项目

❸ 点击选择所需的选项

在显示屏中设置常用参数

快速菜单的操作方法

Nikon D780 作为一款全画幅数码单反相机，除了可以在控制面板（即肩屏）中进行常用参数设置外，显示屏（即相机背面的液晶显示屏）也提供了参数设置功能。

按 info 按钮开启显示屏以显示拍摄信息，其中包括曝光模式、快门速度、光圈、曝光补偿、感光度、图像品质及电池电量等。

按 *i* 按钮，则可以按下面的步骤设置显示屏中显示的各参数选项。

 →  →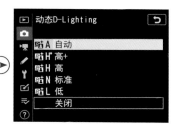

在显示屏中设置参数的方法如下：

❶ 使用多重选择器选择要设置的拍摄参数。

❷ 按 OK 按钮可以进入该拍摄参数的具体设置界面。

❸ 按▲和▼方向键选择不同的参数，然后按 OK 按钮即可确定更改并返回初始界面。

如果是使用触摸的方式，可以在显示屏拍摄信息处于激活状态下时，点击屏幕上的 **i设定** 图标进入常用设定列表，然后通过点击选择的方式进行操作。

注册快速菜单的项目

快速菜单中所显示的拍摄参数项目，可以在"自定义设定"菜单中的"自定义**i**菜单"进行自定义注册。在此菜单中，可以将自己在拍摄时常用的拍摄参数注册在快速菜单中，以便于在拍摄时快速改变这些参数。

右侧展示了笔者注册"色空间"功能的操作步骤。

❶ 在**自定义设定**菜单中点击选择 f **控制**中的 f1 **自定义i菜单**选项

❷ 点击选择要注册项目的位置

❸ 点击选择要注册的项目选项

❹ 替换项目后的显示，确认后点击 **MENU完成** 图标保存

在控制面板中设置常用拍摄参数

除了上面讲解的显示屏外，Nikon D780 的控制面板（也被许多摄友称为"肩屏"）也是在参数设置时不可或缺的重要部件，甚至可以说，控制面板已经囊括了几乎全部常用参数，这已经足以满足我们进行绝大部分常用参数设置的需要了。

通常情况下，在机身上按下相应的按钮，然后转动主指令拨盘即可调整相应的参数。

光圈、快门速度等参数，在某些拍摄模式下，直接转动主指令拨盘或副指令拨盘即可进行设置，而无须按下任何按钮。右图展示了使用控制面板设置 ISO 感光度时的操作方法。

▶ 操作方法

按住 ISO 钮并同时转动主指令拨盘，即可调节 ISO 感光度的数值。

设置相机显示参数

利用显示屏关闭延迟提高相机的续航能力

"显示屏关闭延迟"菜单可以控制在播放、菜单查看、拍摄信息显示、图像查看以及即时取景过程中，未执行任何操作时，显示屏保持开启的时间长度。设定步骤如下所示。

⬇ 设定步骤

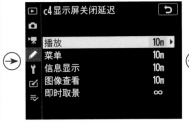

❶ 进入**自定义设定**菜单，点击选择 c **计时 /AE 锁定**中的 c4 **显示屏关闭延迟**选项

❷ 在其子菜单中可以点击选择**播放**、**菜单**、**信息显示**、**图像查看**或**即时取景**选项

❸ 如果选择**播放**选项，点击设置回放照片时显示屏关闭的延迟时间

 高手点拨：在 "c4 显示屏关闭延迟"菜单中将时间设置得越短，对节省电池的电力越有利，这一点在身处严寒环境中拍摄时显得尤其重要，因为在这样的低温环境中电池的电力消耗会很快。

● 播放：用于设置回放照片时显示屏关闭的延迟时间。

● 菜单：用于设置在进行菜单设置时显示屏关闭的延迟时间。

● 信息显示：用于设置按下 info 按钮后打开显示屏查看拍摄信息时显示屏关闭的延迟时间。

● 图像查看：用于设置拍摄照片后，相机自动显示照片效果时显示屏关闭的延迟时间。

● 即时取景：用于设置即时取景和动画录制期间，显示屏关闭的延迟时间。

利用取景器网格显示轻松构图

Nikon D780 相机的"取景器网格显示"功能可以为我们进行比较精确的构图提供极大的便利，如严格的水平线或垂直线构图等。另外，4×4 的网格结构也可以帮助我们进行较准确的 3 分法构图，这在拍摄时是非常实用的。设定步骤如右所示。

该菜单用于设置是否显示取景器网格，包含"开启"和"关闭"两个选项。选择"开启"选项时，在拍摄时取景器中将显示网格线以辅助构图。

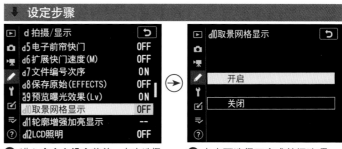

❶ 进入**自定义设定**菜单，点击选择 d **拍摄**/**显示**中的 d10 **取景器网格显示**选项

❷ 点击可选择**开启**或**关闭**选项

利用 LCD 照明在弱光下看清曝光参数

此处的 LCD 即指 Nikon D780 的控制面板，在弱光环境下，可以打开其照明灯，以照亮相机控制面板中的拍摄参数。在"LCD 照明"菜单中可以设置以何种方式为 LCD 进行照明。设定步骤如右所示。

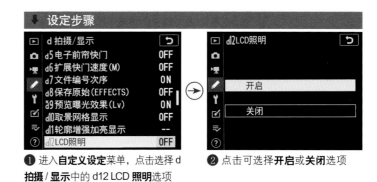

❶ 进入**自定义设定**菜单，点击选择 d **拍摄**/**显示**中的 d12 **LCD 照明**选项

❷ 点击可选择**开启**或**关闭**选项

● 开启：选择此选项，则控制面板的背光（LCD 照明器）将一直保持照亮状态，直至关闭相机电源。

● 关闭：选择此选项，则控制面板的背光（LCD 照明器）仅当电源开关被旋转至 ☀ 时才会点亮，以提高电池的续航能力。

设置相机控制参数

自定义控制功能

Nikon D780 相机可以在"自定义控制功能"菜单中，根据个人的操作习惯或临时的拍摄需求，为 Pv 按钮、Fn 按钮、AE-L/AF-L 按钮、AF-ON 按钮、BKT 按钮、视频录制按钮指定一个功能。

在"自定义控制功能"菜单中，可以为单独按下按钮时，或按钮＋指令拨盘组合使用时指定不同的功能，如果能够按自己的拍摄操作习惯对该按钮的功能进行重新定义，就能够使拍摄操作更顺手。设定步骤如右所示。

例如，若摄影师将按下 Fn 按钮的操作指定为"仅 AE 锁定"功能，那么在拍摄时，按下 Fn 按钮即可锁定曝光，释放按钮时则取消锁定曝光。

可以指定给按钮的功能如下所示：

● AF-ON：按下指定按钮时，可以执行自动对焦操作。快门释放按钮无法用于对焦。

● 仅 AF 锁定：按住指定按钮时，仅对焦被锁定。

● AE 锁定（保持）：按下指定按钮时，曝光被锁定并保持锁定直到再次按下该按钮或待机定时器时间被耗尽。

● AE 锁定（快门释放时解除）：按下指定按钮时，曝光锁定并保持锁定直至再次按下该指定按钮、快门被释放或待机定时器时间耗尽。

● 仅 AE 锁定：按住指定按钮时，仅曝光被锁定。

● AE/AF 锁定：按住指定按钮时，对焦和曝光被锁定。

● FV 锁定：按下指定按钮，将锁定外置闪光灯组件的闪光数值，在不改变闪光级别的情况下重新构图，可确保即使重新构图后被摄对象不在画面中央，被锁定的闪光量也可用于拍摄该对象。再次按下指定按钮则解除 FV 锁定。

● 闪禁用／启用：若当前闪光灯处于关闭状态，按住指定按钮将选择前帘同步闪光模式；若当前闪光灯处于启用状态，按住指定按钮时将禁用闪光灯。

● 预览：在使用取景器拍摄过程中，按住指定按钮时可以预览景深；在使用即时取景期间，按下指定按钮可以缩小光圈至所选数值。

● 预览（Lv 最大光圈）：在使用即时取景拍摄期间，按下指定按钮可以暂时打开镜头的最大光圈，从而帮助确认对焦。

● 矩阵测光：按住指定按钮时，矩阵测光将被激活。

● 中央重点测光：按住指定按钮时，中央重点测光将被激活。

● 点测光：按住指定按钮时，点测光将被激活。

❶ 进入**自定义设定**菜单，点击选择 f **控制**中的 f3 **自定义控制**选项

❷ 点击选择按下一个按钮选项（此处以预览按钮为例）

❸ 点击指定当按下预览按钮时所执行的功能

● 亮部重点测光：按住指定按钮时，亮部重点测光将被激活。

● 曝光包围连拍：若在 CH、CL 或 QC 释放模式下将"自动包围设定"选为"白平衡包围"以外的其他包围选项时，按下指定的控制按钮，相机在按住快门释放按钮期间，将会拍摄包围程序中的所有照片并重复包围连拍。在 S 和 Q 释放模式下，则将在首次曝光包围连拍后结束拍摄。若使用白平衡包围功能，相机将在按住快门释放按钮时连续拍摄照片，并且每张照片都将应用白平衡。

● +NEF（RAW）：若图像品质当前设为 JPEG 选项，按下指定按钮后将在拍摄下一张照片的同时记录一张 NEF（RAW）格式的照片。松开快门释放按钮或再次按下该指定按钮时将恢复原始图像品质设定。

● 取景器网格显示：按下指定按钮可以在取景器或显示屏中显示取景网格。再次按下该指定按钮可关闭显示。

● 取景器虚拟水平：按下指定按钮，可在取景器中查看虚拟水平显示。再次按下该指定按钮可关闭显示。

● 我的菜单：按下指定按钮将显示"我的菜单"。

● 访问我的菜单中首个项目：按下指定按钮，可快速转至"我的菜单"中的首个项目。选择该选项可快速进入常用菜单项目。

● 播放：按下指定按钮，将播放照片。

● 选择影像区域：按下指定按钮并同时旋转主指令或副指令拨盘，可选择影像区域。

● 动态 D-Lighting：按下指定按钮并同时旋转主指令或副指令拨盘，可调整动态 D-Lighting 选项。

● 测光：按下指定按钮并同时旋转主指令或副指令拨盘，可选择测光模式。

● 自动包围：按下指定按钮并同时旋转主指令拨盘，可以选择包围序列中的拍摄张数；按下指定按钮并同时旋转副指令拨盘则可以选择包围增量或 D-Lighting 量。

● 多重曝光：按下指定按钮并同时旋转主指令拨盘可以选择拍摄模式；按下指定按钮并同时旋转副指令拨盘可以选择拍摄张数。

● HDR（高动态范围）：按下指定按钮并同时旋转主指令拨盘可选择"HDR 模式"；按下指定按钮并同时旋转副指令拨盘则可选择"HDR 强度"。

● 曝光延迟模式：按下指定按钮并同时旋转主指令或副指令拨盘，可以选择曝光延迟模式。

● 1 级快门 / 光圈：按住指定按钮并同时旋转主指令（S 和 M 模式下）或副指令拨盘（A 和 M 模式下），则无论在"自定义设定"菜单的"b1 曝光控制 EV 步长"中选择了哪个选项，快门速度和光圈都将以 1 EV 为增量进行更改。

● 选择非 CPU 镜头编号：按下指定按钮并同时旋转主指令或副指令拨盘，可选择使用非 CPU 镜头数据选项指定的镜头编号。

● 无：按住 Fn 按钮并旋转主指令或副指令拨盘时不会执行任何操作。

设置拍摄控制参数

空插槽时快门释放锁定

如果忘记为相机装存储卡，无论你多么用心拍摄，终将一张照片也留不下来，白白浪费时间和精力。在"空插槽时快门释放锁定"菜单中可以设置不允许无存储卡时按下快门，从而防止出现未安装存储卡而进行拍摄的情况。设定步骤如右所示。

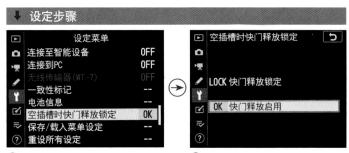

❶ 在**设定**菜单中点击选择**空插槽时快门释放锁定**选项

❷ 点击选择一个选项

● 快门释放锁定：选择此选项，则不允许无存储卡时按下快门。

● 快门释放启用：选择此选项，则未安装存储卡时仍然可以按下快门，但照片无法被存储，而被保存在相机内置的缓存中，只能短暂浏览，关机后照片将消失。

保存 / 载入菜单设定

对于一些常用的用户设置，在经过多次使用后可能已经变得面目全非，如果一个一个地重新设置，无疑是非常麻烦的事。

此时，我们可以将常用设置保存起来，然后在需要的时候将其载入回来，从而快速地恢复相机常用设置。设定步骤如右所示。

 高手点拨： Nikon D780 保存的用户设置包括了各个菜单中的绝大部分功能设置。在保存时必须插入存储卡，且有足够的空间可以保存设置文件。同样，当载入用户设置时，也需要插入该存储卡，且文件不能够重命名或移至其他位置，否则将无法载入设置文件。

❶ 点击选择**设定**菜单中的**保存 /载入菜单设定**选项

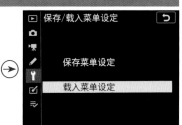

❷ 点击选择**保存菜单设定**或**载入菜单设定**选项

 高手点拨： 如果希望将相机的设置快速恢复至出厂时的初始状态，可以使用相机的双键重设功能，其操作见右图。

▶ 操作方法
同时按下❓(●)按钮和曝光补偿按钮图2秒钟以上，即可将相机的设置恢复至默认设置。

设置焦距变化拍摄

在拍摄静物商品时,如淘宝商品,一般需要画面内容是全部清晰的,但在拍摄时,即使缩小光圈,也不能保证整个画面的清晰度一样,此时,便可以使用全景深法拍摄,然后通过后期处理得到画面全部清晰的照片。

全景深即指画面的每一处都是清晰的,要想得到全景深照片,需要先拍摄多张针对不同位置对焦的照片,然后再利用后期软件进行合成。

Nikon D780 相机提供了方便有用的新功能"焦距变化拍摄",该功能可用于拍摄将合成为全景深照片的一组照片。利用"焦距变化拍摄"菜单,用户可以事先设置好拍摄张数、焦距步长、到下一次拍摄的间隔等参数,从而让相机自动拍摄得到一组照片,省去了人工调整对焦点的操作。设定步骤如右所示。

该功能对微距、静物商业摄影非常有用,解决了对焦微调问题,不过不能在机内将照片合成为一张RAW格式全景深照片,仍需后期在软件中进行合成。

设定步骤

❶ 点击选择**照片拍摄**菜单中的**焦距变化拍摄**选项

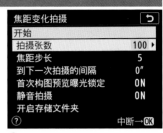

❷ 点击选择**拍摄张数**选项

❸ 点击▲和▼图标可以在1~300张之间选择所需的拍摄张数,然后点击OK确定图标确认

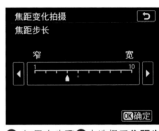

❹ 如果在步骤❷中选择了**焦距步长**选项,点击◀和▶图标选择每次拍摄时对焦距离改变的量,然后点击OK确定图标确认

❺ 如果在步骤❷中选择了**到下一次拍摄的间隔**选项,点击选择一个间隔时间,然后点击OK确定图标确认

❻ 如果在步骤❷中选择了**首次构图预览曝光锁定**选项,点击选择**开启**或**关闭**选项

❼ 如果在步骤❷中选择了**静音拍摄**选项,点击选择**开启**或**关闭**选项

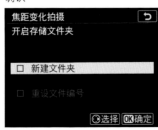

❽ 如果在步骤❷中选择了**开启存储文件夹**选项,点击选择所需的选项,点击OK选择图标勾选,然后点击OK确定图标确认

❾ 所有设定完成后,点击**开始**选项即可拍摄

● 开始：选择此选项可以开始拍摄。相机将拍摄所选张数的照片，并在每次拍摄中改变对焦距离。

● 拍摄张数：可以选择拍摄张数，最高可达到约 300 张，根据所拍摄的画面的复杂程度选择合适的拍摄张数即可。

● 焦距步长：选择每次拍摄中对焦距离改变的量。点击 ◀ 图标向窄端移动游标，可以缩小焦距步长；点击 ▶ 图标向宽端移动游标，可以增加焦距步长。如果使用短焦距的镜头拍摄微距画面，可以选择较小的焦距步长并增加拍摄张数

● 到下一次拍摄的间隔：点击 ▲ 或 ▼ 图标选择拍摄间隔时间，时间可以在 00~30 秒之间选择。选择"00"可以以约 3 张 / 秒的速度拍摄照片。如果是使用闪光灯拍摄，则需要选择足够长的间隔时间以供闪光灯充电。

● 首次构图预览曝光锁定：选择"开启"选项，相机将所有照片的曝光都锁定为第一张照片时的设定。

● 静音拍摄：选择"开启"可以在拍摄过程中使快门静音。

● 开启存储文件夹：选择"新建文件夹"选项，可以为每组照片新建立一个文件夹存储。选择"重设文件编号"选项，则无论何时新建一个文件夹，文件编号都将重设为 0001。

 高手点拨：在使用焦距变化拍摄之前，需要将对焦模式选择器旋转至 AF 图标，并选择 ⟳ 以外的释放模式，曝光模式推荐使用 A 光圈优先和 M 全手动曝光模式，以确保在拍摄期间不会改变光圈值，为了防止光线从取景器进入而干扰曝光，可以在试拍满意后进行正式拍摄时，关闭取景器接目镜。如果要在拍摄完所有照片之前便结束拍摄，可以在"焦距变化拍摄"菜单中选择"关闭"选项，或者半按快门释放按钮，在两次拍摄之间按 OK 按钮。

▲ 利用"焦距变化拍摄"功能拍摄得到一组照片并进行后期全景深合成的效果。

设置影像存储参数

设置存储文件夹

利用"存储文件夹"菜单可以选择存储今后所拍图像的文件夹，包含"重新命名""按编号选择文件夹"和"从列表中选择文件夹"三个选项。设定步骤如右所示。

● 重新命名：选择此选项，用户可以更改文件夹的名称。

● 按编号选择文件夹：选择此选项，则根据已有的文件夹编号来选择文件夹。如果所选文件夹为空，则显示为□图标；如果所选文件夹剩余一部分空间（即照片数量不超过999张，或照片名称的最大编号不超过9999），则显示为▣图标；若此文件夹中照片数量超过999张，或照片名称的编号超过

① 点击选择**照片拍摄**菜单中的**存储文件夹**选项

② 点击选择**重新命名**选项

③ 点击加亮显示一个数字框，然后点击 OK输入 图标并命名，最后点击 OK确定 图标确认

④ 如果在步骤**②**中选择**从列表中选择文件夹**选项，可指定一个现有的文件夹保存图像

9999，则显示为▣图标。

● 从列表中选择文件夹：选择此选项，将列出相机中已存在的文件夹列表，然后根据需要选择文件夹即可。

格式化存储卡

"格式化存储卡"功能可用于删除存储卡中的全部数据。一般在新购买存储卡后，都要对其进行格式化。在格式化之前，务必根据需要进行备份，或确认卡中已不存在有用的数据，以免由于误删而造成难以挽回的损失。设定步骤如下所示。

设定步骤

① 点击选择**设定菜单**中的**格式化存储卡**选项

② 点击选择**插槽**1或**插槽**2选项

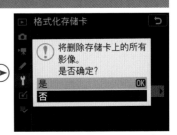

③ 点击选择**是**选项即可对选定的存储卡进行格式化

设置影像区域

尼康有数款品质优秀的 DX 画幅（即 APS-C 画幅）数码单反相机，如 Nikon D7500、Nikon D500 等，与这些相机配合设计生产的还有数支"镜皇"级的镜头，如果把这些专用于 DX 画幅相机的镜头，应用在全画幅（FX）相机上，画面的周围会出现大面积的暗角和黑色区域。

为了解决这个问题，Nikon D780 提供了"影像区域"菜单，设置相关选项，就可以将这些专用于 DX 画幅相机的镜头较好地应用在 Nikon D780 机身上。设定步骤及示意如下所示。

另外，由于 Nikon D780 的有效像素为 2528 万，因此在 DX 格式下，也可以获得约 1200 万的有效像素，这已经可以满足绝大部分日常拍摄及部分商业摄影的需求了。

设定步骤

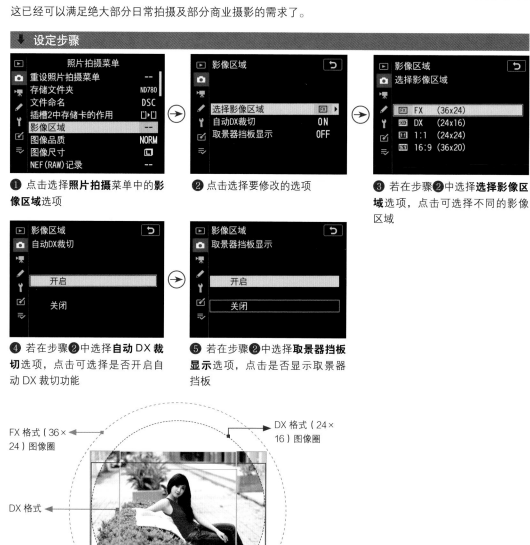

❶ 点击选择**照片拍摄**菜单中的**影像区域**选项

❷ 点击选择要修改的选项

❸ 若在步骤❷中选择**选择影像区域**选项，点击可选择不同的影像区域

❹ 若在步骤❷中选择**自动 DX 裁切**选项，点击可选择是否开启自动 DX 裁切功能

❺ 若在步骤❷中选择**取景器挡板显示**选项，点击是否显示取景器挡板

● 选择影像区域：选择此选项，则可以手动选择图像区域为 FX、DX、1：1 或 16：9 的画幅。如果安装了专用于全画幅相机的镜头，但希望获得其他画幅的视角时，就可以在此处选择相应的选项。

● 自动 DX 裁切：选择此选项，并在其子菜单中选择"开启"选项后，当在 Nikon D780 上安装了 DX 画幅的镜头时，将自动对图像区域进行裁剪。

● 取景器挡板显示：选择此选项，并在其子菜单中选择"开启"选项后，当选择了 DX×（24×16）、1：1（24×24）、16：9（36×20）3 种影像区域时，裁切之外的区域将在取景器中显示为灰色，方便用户直观地查看取景情况。

● FX（36×24）：使用图像传感器的全区域以 FX 格式（36.0×24.0）记录图像，产生相当于 35mm 格式相机的镜头视角。

● DX×（24×16）：使用位于图像传感器中央的 24.0mm×16.0mm 区域以 DX 格式记录照片。若要计算 35mm 格式下的镜头焦距，将镜头焦距乘以 1.5 即可。

● 1：1（24×24）：以 1：1（24.0×24.0）的宽高比记录照片。

● 16：9（36×20）：以 16：9（36.0×20.0）的宽高比记录照片。

▲ 以 DX（24×16）影像区域拍摄野生动物的照片，可以获得更丰满的取景画面。『焦距：300mm ┊光圈：F6.3 ┊快门速度：1/640s ┊感光度：ISO320』

根据用途及后期处理要求设置图像品质

在拍摄过程中，根据照片的用途及后期处理要求，可以通过"图像品质"菜单设置照片的保存格式与品质。如果是用于专业输出或希望为后期调整留出较大的空间，则应采用 RAW 格式；如果只是日常记录或是要求不太严格的拍摄，使用 JPEG 格式即可。

采用 JPEG 格式拍摄的优点是文件小、通用性高，适用于网络发布、家庭照片洗印等，而且可以使用多种软件对其进行编辑处理。虽然压缩率较高，损失了较多的细节，但肉眼基本看不出来，因此是一种最常用的文件存储格式。

RAW 格式则是一种数码单反相机专属格式，它充分记录了拍摄时的各种原始数据，因此具有极大的后期调整空间，但必须使用专用的软件进行处理，如 Photoshop、捕影工匠等，经过后期调整转换格式后才能够输出照片，因而在专业摄影领域常使用此格式进行拍摄。其缺点是文件特别大，尤其在连拍时会极大地降低可以连拍的数量。

就图像质量而言，虽然采用"精细""标准"和"基本"品质拍摄的结果，用肉眼不容易分辨出来，但画面的细节和精细程度还是有区别的，因此，除非万不得已（如存储卡空间不足等），应尽可能使用"精细"品质。设定步骤如右所示。

● NEF（RAW）+JPEG 精细 / 标准 / 基本：选择此选项，将记录两张照片，即一张 NEF（RAW）图像和一张精细 / 标准 / 基本品质的 JPEG 图像。

● NEF（RAW）：选择此选项，则来自图像感应器的 12 位或 14 位原始数据被直接保存到存储卡上。

● JPEG 精细：选择此选项，则以大约 1 ：4 的压缩率记录 JPEG 图像（精细图像品质）。

● JPEG 标准：选择此选项，则以大约 1 ：8 的压缩率记录 JPEG 图像（标准图像品质）。

● JPEG 基本：选择此选项，则以大约 1 ：16 的压缩率记录 JPEG 图像（基本图像品质）。

 高手点拨：如果Photoshop软件无法打开使用Nikon D780拍摄并保存的后缀名为NEF的RAW格式文件，则需要升级Adobe CameraRaw插件。该插件会根据新发布的相机型号，及时地推出更新升级包，以确保能够打开各种相机拍摄的RAW格式文件。

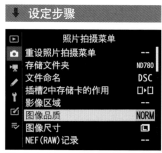

① 点击选择**照片拍摄**菜单中的**图像品质**选项

② 点击可选择文件存储的格式及品质

▶ 操作方法
按下 QUAL 按钮并同时转动主指令拨盘，即可选择不同的图像品质。

Q：什么是 RAW 格式文件？

A：简单地说，RAW 格式文件就是一种数码照片文件格式，包含了数码相机传感器未处理的图像数据，相机不会处理来自传感器的色彩分离的原始数据，仅将这些数据保存在存储卡中。

这意味着相机将（所看到的）全部信息都保存在图像文件中。采用 RAW 格式拍摄时，数码相机仅保存 RAW 格式图像和 EXIF 信息（相机型号、所使用的镜头、焦距、光圈、快门速度等）。摄影师设定的相机预设值或参数值（例如对比度、饱和度、清晰度和色调等）都不会影响所记录的图像数据。

Q：使用 RAW 格式拍摄的优点有哪些？

A：使用 RAW 格式拍摄有如下优点。

● 可将相机中的许多文件处理工作转移到计算机上进行，从而可进行更细致的处理，包括白平衡、高光区、阴影区调节，以及清晰度、饱和度控制等。对于非 RAW 格式文件而言，由于在相机内处理图像时，已经应用了白平衡设置，因此画质会有部分损失。

● 可以使用最原始的图像数据（直接来自传感器），而不是经过处理的信息，这毫无疑问将得到更好的画面效果。

● 采用 12 位或 14 位深度记录图像，这意味着照片将保存更多的颜色，使最后的照片达

到更平滑的梯度和色调过渡。当采用 14 位深度记录图像时，可使用的数据更多。

● 可在电脑上以不同幅度增加或减少曝光值，从而在一定程度上纠正曝光不足或曝光过度。但需要注意的是，这无法从根本上改变照片欠曝或过曝的情况。

Q：对于数码单反相机而言，是不是像素越高画质越好？

A：很多摄影爱好者喜欢将相机的像素与成像质量联系在一起，认为像素越高则画质就越好，而实际情况可能正好相反。更准确地说，就是在数码相机感光元件面积确定的情况下，当相机的像素量达到一定数值后，像素量越高，则成像质量可能会越差。

究其原因，就要引出一个像素密度的概念。简单来说，像素密度即指在相同大小感光元件上的像素数量，像素数量越多，则像素密度就越高。直观理解就是将感光元件分割为很多块，每一块代表一个像素，随着像素数量的继续增加，则感光元件被分割为越来越小的块，当这些块小到一定程度后，可能会导致通过镜头投射到感光元件上的光线变少，并产生衍射等现象，最终导致画面质量下降。

因此，对于数码单反相机而言，尤其是 DX 画幅的数码单反相机，不能一味追求超高像素。

Nikon D780

根据用途及存储空间设置图像尺寸

图像尺寸直接影响着最终输出照片的大小，通常情况下，只要存储卡空间足够，那么就建议使用大尺寸，以便于在计算机上通过后期处理软件，以裁剪的方式对照片进行二次构图处理。

另外，如果照片是用于印刷、洗印等，也推荐使用大尺寸记录。如果只是用于网络发布、简单的记录或在存储卡空间不足时，则可以根据情况选择较小的尺寸。设定步骤如右所示。

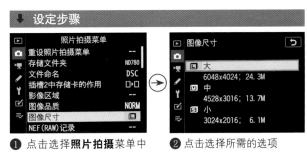

❶ 点击选择**照片拍摄**菜单中的**图像尺寸**选项

❷ 点击选择所需的选项

设置 NEF（RAW）文件格式

众所周知，RAW 格式照片可以最大限度地记录相机的拍摄参数，比 JPEG 格式拥有更高的可调整宽容度，但其最大的缺点就是由于记录的信息很多，因此文件容量非常大。在 Nikon D780 中，可以根据需要设置适当的压缩比例，以减小文件容量。当然，在存储卡空间足够的情况下，应尽可能地选择无损压缩的文件格式，从而为后期调整保留最大的空间。

此外，Nikon D780 相机还可以对 RAW 格式照片的位深度进行选择，以满足更专业的摄影及输出需求。

NEF（RAW）压缩

该选项用于选择 RAW 图像的压缩类型。设定步骤如下所示。

设定步骤

❶ 点击选择**照片拍摄**菜单中的 NEF（RAW）**记录**选项

❷ 点击选择 NEF（RAW）**压缩**选项

❸ 点击选择**无损压缩**、**压缩**或**未压缩**选项

● 无损压缩：选择此选项，则使用可逆算法压缩 NEF 图像，最终文件大小约为未压缩照片的 60%~80%。

● 压缩：选择此选项，则使用不可逆算法压缩 NEF 图像，最终文件大小约为未压缩照片的 45%~65%。

NEF（RAW）位深度

该选项用于选择 RAW 图像的位深度。设定步骤如下所示。

设定步骤

❶ 选择**照片拍摄**菜单中的 NEF（RAW）**记录**选项

❷ 点击选择 NEF（RAW）**位深度**选项

❸ 点击可选择以 NEF 格式拍摄时的字节长度选项

● **12-bit** 12 位：选择此选项，则以 12 位深度记录 NEF（RAW）图像。

● **14-bit** 14 位：选择此选项，则以 14 位深度记录 NEF（RAW）图像，将产生更大容量的文件且记录的色彩数据也将增加。

设置优化校准参数拍摄个性照片

简单来说，优化校准就是相机依据不同拍摄题材的特点而进行的一些色彩、锐度及对比度等方面的校正。例如，在拍摄风光题材时，可以选择色彩较为艳丽、锐度和对比度都较高的"风景"优化校准，也可以根据需要手动设置自定义的优化校准，以满足个性化的需求。

设定优化校准

"设定优化校准"菜单用于选择适合拍摄对象或拍摄场景的照片风格，包含"自动""标准""自然""鲜艳""单色""人像""风景"和"平面"8个选项。设定步骤如下所示。

设定步骤

① 点击选择**照片拍摄**菜单中的**设定优化校准**选项

② 点击选择预设的优化校准选项，然后点击 调整 图标进入调整界面

③ 选择不同的参数并根据需要修改后，然后点击 OK确定 图标确定

- **A 自动**：此风格会根据标准风格自动调整色相和色调。与使用标准选项拍摄的照片相比，此风格拍摄的人像照片，肤色将看起来更柔和，而使用此风格拍摄的风光照片，颜色看起来更鲜艳。
- **SD 标准**：此风格是最常用的照片风格，拍出的照片画面清晰，色彩鲜艳、明快。
- **NL 自然**：此风格进行最低程度的处理以获得自然效果。需要在后期进行照片处理或润饰时选用。
- **VI 鲜艳**：此风格进行增强处理以获得鲜艳的图像效果。在强调照片主要色彩时选用。
- **MC 单色**：使用该风格可拍摄黑白或单色的照片。
- **PT 人像**：使用该风格拍摄人像时，人像的皮肤会显得更加柔和、细腻。
- **LS 风景**：使用该风格拍摄风光时，画面中的蓝色和绿色会有非常好的表现。
- **FL 平面**：此风格将获得更宽广的色调范围，如果在拍摄后需要对照片进行润饰处理，可以选择此选项。

高手点拨：从实际运用来看，虽然可以在拍摄人像时选择"人像"风格，在拍摄风光时使用"风景"风格，但其实用性并不高，建议还是以"标准"风格作为常用设置。在拍摄时，如果对某方面的参数不太满意，如锐化、对比度等，再单独进行调整也为时不晚，甚至连这些调整也可以省掉。因为在数码时代，后期处理技术可以帮助我们实现太多的效果，而且照片的可编辑性非常高，没必要为了一些细微的变化，冒着可能出现问题的风险在相机中进行这些设置。

● 效果级别：用于减弱或增强创意优化校准的效果。

● 快速锐化：快速均衡调整"锐化""中等锐化"及"清晰度"的级别。这三个选项也可以逐个调整。在"锐化"中可以控制画面细节和轮廓的锐利度；在"中等锐化"选项中，可以在"锐化"和"清晰度"之间的范围内调整图案和线条的锐利度；在"清晰度"选项中，则可以在不影响亮度或动态范围的情况下，调整总体的锐利度和较粗轮廓的锐利度。

▲ 设置锐化前（+0）后（+2）的效果对比

● 对比度：控制图像的反差及色彩的鲜艳程度。按◀方向键向－端靠近则降低反差，图像变得越来越柔和；按▶方向键向＋端靠近则提高反差，图像变得越来越明快，其调整范围为－3~3。

▲ 设置对比度前（+0）后（+2）的效果对比

● 亮度：此参数可以在不影响照片曝光的前提下，改变画面的亮度。按◀方向键向－端靠近则降低亮度，画面变得越来越暗；按▶方向键向＋端靠近则提高亮度，画面变得越来越亮。

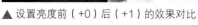

▲ 设置亮度前（+0）后（+1）的效果对比

● 饱和度：控制色彩的鲜艳程度。选择 A 选项，则根据场景类型自动调整饱和度；按下◀方向键向－端靠近则降低饱和度，色彩变得越来越淡；按下▶方向键向＋端靠近则提高饱和度，色彩变得越来越艳。

▲ 设置饱和度前（+0）后（+3）的效果对比

● 色相：控制画面色调的偏向。按◀方向键向－端靠近则红色偏紫、蓝色偏绿、绿色偏黄；按▶方向键向＋端靠近则红色偏橙、绿色偏蓝、蓝色偏紫。

▲ 调整色相前（+0）后（-2）的效果对比，可以看出天空晚霞的红色与被染红的地面色彩变得更加好看

利用优化校准直接拍出单色照片

如果选用"单色"优化校准选项，还可以选择不同的滤镜及调色效果，从而拍摄出更有特色的黑白或单色照片。在"滤镜效果"选项下，可选择 OFF（无）、Y（黄）、O（橙）、R（红）或 G（绿）等色彩，从而在拍摄过程中，针对这些色彩进行过滤，得到更亮的色彩。设定步骤如下所示。

设定步骤

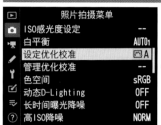  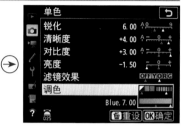

❶ 点击选择**照片拍摄**菜单中的**设定优化校准**选项

❷ 点击选择**单色**预设照片风格，然后点击调整图标进入调整界面

❸ 点击选择所需选项，然后点击调整调节参数数值，完成后点击确定图标确定

- OFF（无）：没有滤镜效果的原始画面。
- Y（黄）：可使蓝天更自然，白云更清晰。
- O（橙）：可稍压暗蓝天，使夕阳的效果更强烈。
- R（红）：使蓝天更加暗，落叶的颜色更鲜亮。
- G（绿）：可将肤色和嘴唇的颜色表现得更好，使树叶的颜色更加鲜亮。

▲ 选择"标准"优化校准时拍摄的照片

▲ 选择"单色"优化校准时拍摄的照片

▲ 设置"滤镜效果"为"红"时拍摄的照片

在"调色"选项下，可以选择无、褐、蓝、紫及绿等多种单色调效果。

▶ 原图及选择褐色、蓝色时得到的单色照片效果

随拍随赏——拍摄后查看照片

回放照片基本操作

在回放照片时，我们可以进行放大、缩小、显示信息、前翻、后翻以及删除照片等多种操作，下面就通过一个图示来说明回放照片的基本操作方法。

Q：出现"无法回放图像"提示怎么办？

A：在相机中回放图像时，出现"无法回放图像"提示，可能有以下几个原因：

● 正在尝试回放的不是使用尼康相机拍摄的图像。

● 存储卡中的图像已导入计算机，并进行了旋转或编辑后再存回存储卡。

● 存储卡出现故障。

1 文件信息

2 曝光数据

3 加亮显示

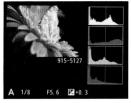
4 RGB 直方图

5 拍摄数据

6 概览数据

7 无（仅影像）

在播放照片时，按▼方向键可以依次按上面的顺序显示照片信息，按▲方向键则按相反的顺序显示。

图像查看

在拍摄环境变化不大的情况下，我们只是在刚开始做一些简单的参数调试并拍摄样片时，需要反复地查看拍摄得到的照片是否满意，而一旦确认了曝光、对焦方式等参数后，则不必每次拍摄后都显示并查看照片，此时，就可以通过"图像查看"菜单来控制是否在每次拍摄后都查看照片。设定步骤如右所示。

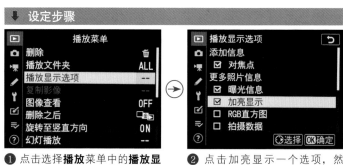

设定步骤

❶ 点击选择**播放**菜单中的**图像查看**选项

❷ 点击可选择**开启**或**关闭**选项

● 开启：选择此选项，可在拍摄后查看照片，直至显示屏自动关闭或执行半按快门按钮等操作为止。

● 关闭：选择此选项，则照片只在按播放按钮▶时才显示。

播放显示选项

在回放照片时，会显示一些相关参数，以方便我们了解照片的具体信息，例如在默认情况下会显示亮度直方图以辅助判断照片的曝光是否准确。此外，还可以根据需要设置回放照片时是否显示对焦点、高光警告以及 RGB 直方图等，这些信息对于判断照片是否在预定位置合焦、是否过曝至关重要。设定步骤如右所示。

设定步骤

❶ 点击选择**播放**菜单中的**播放显示选项**选项

❷ 点击加亮显示一个选项，然后点击◉调整图标勾选用于照片信息显示的选项，选择完成后点击OK确定图标确定

● 对焦点：选择此选项，则图像对焦点将以红色显示，这时如果发现对焦点不准确可以重新拍摄。

● 曝光信息：选择此选项，则显示快门速度、光圈、感光度及曝光补偿等信息。

● 加亮显示：选择此选项，可以帮助摄影师发现所拍摄图像中曝光过度的区域，如果想要表现曝光过度区域的细节，就需要适当减少曝光量。

● RGB 直方图：选择此选项，在播放照片时可查看亮度与 RGB 直方图，从而更好地把握画面的曝光及色彩。

● 拍摄数据：选择此选项，则在播放照片时可显示主要拍摄数据。

● 概览：选择此选项，在播放照片时将能查看到这幅照片的详细拍摄数据。

● 无（仅影像）：选择此选项，则在播放照片时将隐藏其他内容，而仅显示当前的图像。

 高手点拨：选择"加亮显示"选项可以帮助摄影师了解画面中是否有曝光过度的区域。相机会在显示屏上把曝光过度的区域标记为黑色，摄影师可以通过调整曝光参数缩小这样的区域，或彻底使其成为曝光正常的画面。

播放文件夹

在播放照片时，可以根据需要选择一个要播放的文件夹。设定步骤如右所示。

● ND780：选择此选项，将播放使用 Nikon D780 创建的所有文件夹中的照片。

● 全部：选择此选项，将播放所有文件夹中的照片。

● 当前：选择此选项，将播放当前文件夹中的照片。

设定步骤

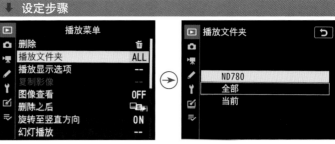

❶ 点击选择**播放**菜单中的**播放文件夹**选项

❷ 点击选择要播放照片的文件夹

旋转画面至竖直方向

"旋转至竖直方向"菜单用于选择是否旋转"竖直"（人像方向）照片，以便在播放时更加方便查看。该菜单包含"开启"和"关闭"两个选项。选择"开启"选项后，在显示屏中显示照片时，竖拍照片将被自动旋转为竖直方向；选择"关闭"选项后，竖拍照片将以横向方向显示。设定步骤如下所示。

设定步骤

❶ 点击选择**播放**菜单中的**旋转至竖直方向**选项

❷ 点击可选择**开启**或**关闭**选项

▲ 关闭"旋转至竖直方向"功能时，竖拍照片的显示状态

高手点拨：在开启"旋转至竖直方向"功能时，需要在"设定"菜单中将"自动旋转图像"也设置为"开启"，否则在浏览时竖拍照片也不会自动旋转为竖直方向显示。

▲ 开启"旋转至竖直方向"功能时，竖拍照片的显示状态

第 3 章 必须掌握的
基本曝光与对焦设置

调整光圈控制曝光与景深

光圈的结构

光圈是相机镜头内部的一个组件，它由许多金属薄片组成，金属薄片不是固定的，通过改变它的开启程度可以控制进入镜头光线的多少。光圈开启得越大，通光量就越多；光圈开启得越小，通光量就越少。摄影师可以仔细观察镜头在选择不同光圈时叶片大小的变化。

▲ 从镜头的底部可以看到镜头内部的光圈金属薄片

 高手点拨：虽然光圈数值是在相机上设置的，但其可调整的范围却是由镜头决定的，即镜头支持的最大及最小光圈，就是在相机上可以设置的上限和下限。镜头可支持的光圈越大，则在同一时间内就可以吸收更多的光线，从而允许我们在更暗的环境中进行拍摄——当然，光圈越大的镜头，价格也越贵。

F2.8　　　　F5.6　　　　F11　　　　F22

▲ 光圈是控制相机通光量的装置，光圈越大（F2.8），通光量越多；光圈越小（F22），通光量越少。

▲ 尼康 AF-S 24-70mm F2.8 G ED N　　▲ 尼康 AF-S 85mm F1.4 G IF N　　▲ 尼康 AF-S 28-300mm F3.5-5.6 G ED VR

在上面展示的 3 款镜头中，尼康 AF-S 85mm F1.4 G IF N 是定焦镜头，其最大光圈为 F1.4；尼康 AF-S 24-70mm F2.8 G ED N 为恒定光圈的变焦镜头，无论使用哪一个焦距段进行拍摄，其最大光圈都只能够达到 F2.8；尼康 AF-S 28-300mm F3.5-5.6 G ED VR 是浮动光圈的变焦镜头，当使用镜头的广角端（28mm）拍摄时，最大光圈可以达到 F3.5，而当使用镜头的长焦端（300mm）拍摄时，其最大光圈只能够达到 F5.6。

上述 3 款镜头也均有最小光圈值，例如，尼康 AF-S 24-70mm F2.8 G ED N 的最小光圈为 F22，尼康 AF-S 28-300mm F3.5-5.6 G ED VR 的最小光圈同样是一个浮动范围（F22~F38）。

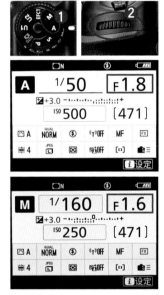

▶ 操作方法

按下模式拨盘锁定解除按钮并同时旋转模式拨盘至光圈优先模式或全手动模式。在光圈优先模式或全手动模式下，转动副指令拨盘可选择不同的光圈值。

光圈值的表现形式

　　光圈值用字母 F 或 f 表示,如 F8(或 f/8)。常见的光圈值有 F1.4、F2、F2.8、F4、F5.6、F8、F11、F16、F22、F32、F36 等,光圈每递进一挡,光圈口径就会缩小一部分,通光量也随之减半。例如,F5.6 光圈的进光量是 F8 的两倍。

　　当前我们所见到的光圈数值还有 F1.2、F2.2、F2.5、F6.3 等,但这些数值不包含在光圈正级数之内,这是因为各镜头厂商都在每级光圈之间插入了 1/2(如 F1.2、F1.8、F2.5、F3.5 等)和 1/3(如 F1.1、F1.2、F1.6、F1.8、F2、F2.2、F2.5、F3.2、F3.5、F4.5、F5.0、F6.3、F7.1 等)变化的副级数光圈,以便更加精确地控制曝光程度,使画面的曝光更加准确。

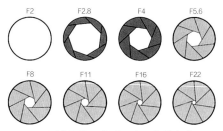

▲ 不同光圈值下镜头通光口径的变化

▲ 光圈级数刻度示意图,上排为光圈正级数,下排为光圈副级数。

光圈对成像质量的影响

　　通常情况下,摄影师都会选择比镜头最大光圈小一至两挡的中等光圈,因为大多数镜头在中等光圈下的成像质量是最优秀的,照片的色彩和层次都能有更好的表现。例如,一只最大光圈为 F2.8 的镜头,其最佳成像光圈为 F5.6 ~ F8。另外,也不能使用过小的光圈,因为过小的光圈会使光线在镜头中产生衍射效应,导致画面质量下降。

　　Q:什么是衍射效应?

　　A:衍射是指当光线穿过镜头光圈时,光在传播的过程中发生弯曲的现象。光线通过的孔隙越小,光的波长越长,这种现象就越明显。因此,在拍摄时光圈收得越小,在被记录的光线中衍射光所占的比例就越大,画面的细节损失就越多,画面就越不清楚。衍射效应对 DX 画幅数码相机和全画幅数码相机的影响程度稍有不同,通常 DX 画幅数码相机在光圈收小到 F11 时,就能发现衍射效应对画质产生了影响;而 Nikon D780 全画幅数码相机在光圈收小到 F16 时,才能够看到衍射效应对画质产生了影响。

▲ 使用镜头最佳光圈拍摄时,所得到的照片画质最理想。『焦距:18mm ┆光圈:F11 ┆快门速度:1/250s ┆感光度:ISO200』

光圈对曝光的影响

如前所述，在其他参数不变的情况下，光圈增大一挡，则曝光量增加一倍，例如光圈从F4增大至F2.8，即可增加一倍的曝光量；反之，光圈减小一挡，则曝光量也随之减少一半。换言之，光圈开得越大，通光量就越多，所拍摄出来的照片也越明亮；光圈开得越小，通光量就越少，所拍摄出来的照片也越暗淡。

下面是一组在焦距为35mm、快门速度为1/20s、感光度为ISO200的特定参数下，只改变光圈值拍摄的照片。

▲ 光圈：F10   ▲ 光圈：F9   ▲ 光圈：F8

▲ 光圈：F7.1   ▲ 光圈：F6.3   ▲ 光圈：F5.6

▲ 光圈：F5   ▲ 光圈：F4.5   ▲ 光圈：F4

▲ 光圈：F3.5   ▲ 光圈：F3.2   ▲ 光圈：F2.8

通过这一组照片可以看出，在其他曝光参数不变的情况下，随着光圈逐渐变大，进入镜头的光线不断增多，因此所拍摄出来的画面也就逐渐变亮。

理解景深

简单来说，景深即指对焦位置前后的清晰范围。清晰范围越大，即表示景深越大；反之，清晰范围越小，即表示景深越小，画面的虚化效果就越好。

景深的大小与光圈、焦距及拍摄距离这3个要素密切相关。当拍摄者与被摄对象之间的距离非常近时，或者使用长焦距或大光圈拍摄时，都能得到对比强烈的背景虚化效果；反之，当拍摄者与被摄对象之间的距离较远，或者使用小光圈或较短焦距拍摄时，画面的虚化效果就会较差。

另外，被摄对象与背景之间的距离也是影响背景虚化的重要因素。例如，当被摄对象距离背景较近时，即使使用 F1.8 的大光圈也不能得到很好的背景虚化效果；但被摄对象距离背景较远时，即使使用 F8 的小光圈，也能获得较明显的虚化效果。

Q：景深与对焦点的位置有什么关系？

A：景深是指照片中某个景物的清晰范围。即当摄影师将镜头对焦于某个点并拍摄后，在照片中与该点处于同一平面的景物都是清晰的，而位于该点前方和后方的景物则由于没有对焦，因此都是模糊的。但由于人眼不能精确地辨别焦点前方和后方出现的轻微模糊，因此这部分图像看上去仍然是清晰的，这种清晰会一直在照片中的拍摄对象向前、向后延伸，直至景物看上去变得模糊到不可接受，而这个可接受的清晰范围，就是景深。

Q：什么是焦平面？

A：如前所述，当摄影师将镜头对焦于某个点拍摄时，在照片中与该点处于同一平面的景物都是清晰的，而位于该点前方和后方的景物则都是模糊的，这个清晰的平面就是成像焦平面。如果摄影师的相机位置不变，当被摄对象在可视区域内的焦平面做水平运动时，成像始终是清晰的；但如果其向前或向后移动，则由于脱离了成像焦平面，因此会出现一定程度的模糊，景物模糊的程度与其距焦平面的距离成正比。

▲ 对焦点在中间的财神爷玩偶上，但由于另外两个玩偶与其在同一个焦平面上，因此3个玩偶均是清晰的。

▲ 对焦点仍然在中间的财神爷玩偶上，但由于另外两个玩偶与其不在同一个焦平面上，因此另外两个玩偶是模糊的。

光圈对景深的影响

光圈是控制景深（背景虚化程度）的重要因素。即在相机焦距不变的情况下，光圈越大，景深越小；反之，光圈越小，景深就越大。如果在拍摄时想通过控制景深来使自己的作品更有艺术效果，就要合理使用大光圈和小光圈。

在包括 Nikon D780 在内的所有数码单反相机中，都有光圈优先曝光模式，配合上面的理论，通过调整光圈数值的大小，即可拍摄不同的对象或表现不同的主题。例如，大光圈主要用于人像摄影、微距摄影，通过虚化背景来突出主体；小光圈主要用于风景摄影、建筑摄影、纪实摄影等，以便使画面中的所有景物都能清晰呈现。

▲ 从示例图可以看出，光圈越大，前、后景深越小；光圈越小，前、后景深越大。其中，后景深是前景深的两倍

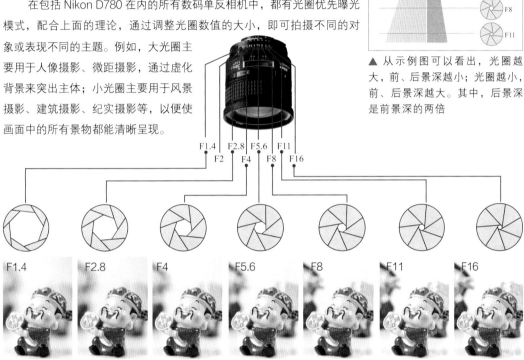

▲ 从示例图可以看出，当光圈从 F1.4 逐渐缩小到 F16 时，画面的景深逐渐变大。使用的光圈越小，画面背景处的玩偶就越清晰。

焦距对景深的影响

在其他条件不变的情况下，拍摄时所使用的焦距越长，则画面的景深越小，即可以得到更强烈的虚化效果；反之，焦距越短，则画面的景深越大，越容易呈现前后都清晰的画面效果。

高手点拨：对于定焦镜头来说，只能通过前后的移动来改变相对的"焦距"，即画面的取景范围。拍摄者越靠近被摄对象，就相当于使用了更长的焦距，同样可以得到更小的景深。

焦距：70mm

焦距：100mm

焦距：200mm

▲ 通过使用从广角到长焦的焦距拍摄的花卉照片对比可以看出，焦距越长，则主体越清晰，画面的景深越小。

拍摄距离对景深的影响

在其他条件不变的情况下，拍摄者与被摄对象之间的距离越近，越容易得到小景深的虚化效果；反之，如果拍摄者与被摄对象之间的距离较远，则不容易得到虚化效果。

这一点在使用微距镜头拍摄时体现得更为明显，当镜头离被摄体很近的时候，画面中的清晰范围就变得非常小。因此，在人像摄影中，为了获得较小的景深，经常采取靠近被摄者拍摄的方法。

下面为一组在所有拍摄参数都不变的情况下，只改变镜头与被摄对象之间的距离时拍摄得到的照片。

通过左侧展示的一组照片可以看出，当镜头距离前景位置的玩偶越远时，其背景的模糊效果也越差。

背景与被摄对象的距离对景深的影响

在其他条件不变的情况下，画面中的背景与被摄对象的距离越远，则越容易得到浅景深的虚化效果；反之，如果画面中的背景与被摄对象位于同一个焦平面，或者非常靠近，则不容易得到虚化效果。

左图所示为在所有拍摄参数都不变的情况下，只改变被摄对象距离背景的远近拍出的照片。

通过左侧展示的一组照片可以看出，在镜头位置不变的情况下，随着玩偶距离背景越来越近，则其背景的虚化程度也越来越低。

设置快门速度控制曝光时间

快门与快门速度的含义

简单来说，快门的作用就是控制曝光时间的长短。在按下快门按钮时，从快门前帘开始移动到后帘结束所用的时间就是快门速度，这段时间实际上也就是相机感光元件的曝光时间。

所以快门速度决定曝光时间的长短，快门速度越快，曝光时间就越短，曝光量也越小；快门速度越慢，曝光时间就越长，曝光量也越大。

快门速度的表示方法

快门速度以秒为单位，入门级及中端数码单反相机的快门速度通常在 1/4000s 至 30s 之间，而专业或准专业相机的最高快门速度则达到了 1/8000s，可以满足更多题材和场景的拍摄要求。Nikon D780 作为专业全画幅相机，最高的快门速度达到了 1/8000s。

常用的快门速度有 30s、15s、8s、4s、2s、1s、1/2s、1/4s、1/8s、1/15s、1/30s、1/60s、1/125s、1/250s、1/500s、1/1000s、1/2000s、1/4000s 等。

快门速度对曝光的影响

如前所述，快门速度的快慢决定了曝光量的多少，在其他条件不变的情况下，每一倍的快门速度变化，即代表了一倍曝光量的变化。例如，当快门速度由 1/125s 变为 1/60s 时，由于快门速度慢了一倍，曝光时间增加了一倍，因此总的曝光量也随之增加了一倍。从下面展示的一组照片可以发现，在光圈与 ISO 感光度数值不变的情况下，快门速度越慢，则曝光时间越长，画面感光就越充分，所以画面也越亮。

下面是一组在焦距为 105mm、光圈为 F5、感光度为 ISO100 的特定参数下，只改变快门速度拍摄的照片。

▶ 操作方法

按下模式拨盘锁定解除按钮并同时旋转模式拨盘至快门优先或全手动模式。在快门优先和全手动模式下，转动主指令拨盘即可选择不同的快门速度值。

▲ 快门速度：0.4s

▲ 快门速度：1.3s

▲ 快门速度：2s

影响快门速度的三大要素

影响快门速度的要素包括光圈、感光度及曝光补偿，它们对快门速度的影响如下：

● 感光度：感光度每增加一倍（例如从 ISO100 增加到 ISO200），感光元件对光线的敏锐度会随之增加一倍，同时，快门速度会随之提高一倍。

● 光圈：光圈每提高一挡（如从 F4 增加到 F2.8），快门速度可以提高一倍。

● 曝光补偿：曝光补偿数值每增加 1 挡，由于需要更长时间的曝光来提亮照片，因此快门速度将降低一半；反之，曝光补偿数值每降低 1 挡，由于照片不需要更多的曝光，因此快门速度可以提高一倍。

快门速度对画面效果的影响

快门速度不仅影响相机进光量，还会影响画面的动感效果。当表现静止的景物时，快门的快慢对画面不会有什么影响，除非摄影师在拍摄时有意摆动镜头；但当表现动态的景物时，不同的快门速度能够营造出不一样的画面效果。

右侧照片是在焦距、感光度都不变的情况下，将快门速度依次调慢所拍摄的。

对比这一组照片，可以看到当快门速度较快时，水流被定格成相对清晰的影像，但当快门速度逐渐降低时，流动的水流在画面中渐渐产生模糊的效果。

由上述可见，如果希望在画面中凝固运动着的拍摄对象的精彩瞬间，应该使用高速快门。拍摄对象的运动速度越快，采用的快门速度也要越快，以便在画面中凝固运动对象，形成一种时间突然停滞的静止效果。

▲ 光圈：F2.8 快门速度：1/80s 感光度：ISO50

▲ 光圈：F9 快门速度：1/8s 感光度：ISO50

▲ 光圈：F14 快门速度：1/3s 感光度：ISO50

▲ 光圈：F20 快门速度：0.8s 感光度：ISO50

▲ 光圈：F22 快门速度：1s 感光度：ISO50

▲ 光圈：F25 快门速度：1.3s 感光度：ISO50

如果希望在画面中表现运动着的拍摄对象的动态模糊效果，可以使用低速快门，以使其在画面中形成动态模糊效果，能够较好地表现出生动的效果。按此方法拍摄流水、夜间的车流轨迹、风中摇摆的植物、流动的人群等，均能够得到画面效果流畅、生动的照片。

依据对象的运动情况设置快门速度

在设置快门速度时，应综合考虑被摄对象的运动速度、运动方向，以及摄影师与被摄对象之间的距离这3个基本要素。

被拍摄对象的运动速度

不同的照片表现形式，拍摄时所需要的快门速度也不尽相同。例如抓拍物体运动的瞬间，需要使用较高的快门速度；而如果是跟踪拍摄，对快门速度的要求就比较低了。

▲ 站着的狗处于静止状态，因此无须太高的快门速度。『焦距：35mm ┊光圈：F2.8 ┊快门速度：1/200s ┊感光度：ISO100』

▲ 奔跑中的狗的运动速度很快，因此需要较高的快门速度才能将其清晰地定格在画面中。『焦距：200mm ┊光圈：F6.3 ┊快门速度：1/1000s ┊感光度：ISO320』

被拍摄对象的运动方向

如果从运动对象的正面拍摄（通常是角度较小的斜侧面），能够表现出对象从小变大的运动过程，这样需要的快门速度通常要低于从侧面拍摄；但往往只有从侧面拍摄才会感受到被拍摄对象真正的速度，拍摄时需要的快门速度也就更高。

▶ 从正面或斜侧面角度拍摄运动对象时，速度感不强。『焦距：70mm ┊光圈：F3.2 ┊快门速度：1/1000s ┊感光度：ISO400』

▲ 从侧面拍摄运动对象时，速度感很强。『焦距：40mm ┊光圈：F2.8 ┊快门速度：1/1250s ┊感光度：ISO400』

摄影师与被摄对象之间的距离

无论是身体靠近运动对象，还是使用镜头的长焦端，只要画面中运动对象越大、越具体，拍摄对象的运动速度就相对越高，拍摄时需要不停地移动相机。略有不同的是，如果是身体靠近运动对象，则需要较大幅度地移动相机；而使用镜头的长焦端，只要小幅度地移动相机，就能够保证被摄对象一直处于画面之中。

从另一个角度来说，如果将视角变得更广阔一些，就不用为了将运动对象融入画面中而费力地紧跟被摄对象，比如使用镜头的广角端拍摄，就更容易抓拍到被摄对象运动的瞬间。

▲ 使用广角镜头抓拍到的现场整体气氛。『焦距：28mm ┊ 光圈：F9 ┊ 快门速度：1/640s ┊ 感光度：ISO200』

▶ 长焦镜头注重表现单个主体，对瞬间的表现更加明显。『焦距：400mm ┊ 光圈：F7.1 ┊ 快门速度：1/640s ┊ 感光度：ISO200』

常见快门速度的适用拍摄对象

以下是一些常见快门速度的适用拍摄对象，虽然在拍摄时并非一定要用快门优先曝光模式，但先对一般情况有所了解才能找到最适合表现不同拍摄对象的快门速度。

快门速度（秒）	适用范围
B门	适合拍摄夜景、闪电、车流等。其优点是摄影师可以自行控制曝光时间，缺点是如果不知道当前场景需要多长时间才能正常曝光时，容易出现曝光过度或不足的情况，此时需要摄影师多做尝试，直至得到满意的效果
1~30	在拍摄夕阳、天空仅有少量微光的日落后及日出前后时，都可以使用光圈优先曝光模式或手动曝光模式进行拍摄，很多优秀的夕阳作品都诞生于这个曝光区间。使用1s~5s的快门速度，也能够将瀑布或溪流拍摄出如同丝绸一般的梦幻效果
1 和 1/2	适合在昏暗的光线下，使用较小的光圈获得足够的景深，通常用于拍摄稳定的对象，如建筑、城市夜景等
1/15~1/4	1/4s的快门速度可以作为拍摄夜景人像时的最低快门速度。该快门速度区间也适合拍摄一些光线较强的夜景，如明亮的步行街和光线较好的室内
1/30	在使用标准镜头或广角镜头拍摄风光、建筑室内时，该快门速度可以视为拍摄时最低的快门速度
1/60	对于标准镜头而言，该快门速度可以保证在各种场合进行拍摄
1/125	这一挡快门速度非常适合在户外阳光明媚时使用，同时也能够拍摄运动幅度较小的物体，如走动中的人
1/250	适合拍摄中等运动速度的拍摄对象，如游泳运动员、跑步中的人或棒球活动等
1/500	该快门速度已经可以抓拍一些运动速度较快的对象，如行驶的汽车、快速跑动中的运动员、奔跑的马等
1/1000~1/8000	该快门速度区间已经可以用于拍摄一些极速运动的对象，如赛车、飞机、足球运动员、飞鸟及瀑布飞溅出的水花等

安全快门速度

简单来说，安全快门是人在手持拍摄时能保证画面清晰的最低快门速度。这个快门速度与镜头的焦距有很大关系，即手持相机拍摄时，快门速度应不低于焦距的倒数。

比如当前焦距为200mm，拍摄时的快门速度应不低于1/200s。这是因为人在手持相机拍摄时，即使被摄对象待在原地纹丝不动，也会因为拍摄者本身的抖动而导致画面模糊。

▼ 虽然是拍摄静态的玩偶，但由于光线较弱，致使快门速度低于焦距的倒数，所以拍摄出来的玩偶是比较模糊的。

▲ 拍摄时使用大光圈并适当提高ISO感光度值，因此能够得到更高的快门速度，从而确保拍摄出来的照片很清晰。
『焦距：105mm ┆光圈：F2.8 ┆快门速度：1/400s ┆感光度：ISO400』

如果只看缩略图，几乎没有什么区别，但放大后查看可以发现，当快门速度到达安全快门速度时，即可将玩偶拍得非常清晰。

防抖技术对快门速度的影响

尼康的防抖系统简写为VR，目前最新的防抖技术可保证在快门速度最高低于安全快门速度4倍的情况下也能获得清晰的照片。但要注意的是，防抖系统只是提供了一种校正功能，在使用时还要注意以下几点：

▲ 有防抖标志的尼康镜头

- 防抖系统成功校正抖动是有一定概率的，这还与个人的手持能力有很大关系。通常情况下，使用低于安全快门2倍以内的快门速度拍摄时，成功校正的概率会比较高。
- 当快门速度高于安全快门1倍以上时，建议关闭防抖系统，否则防抖系统的校正功能可能会影响原本清晰的画面，导致画质下降。
- 在使用三脚架保持相机稳定时，建议关闭防抖系统。因为在使用三脚架时，不存在手抖的问题，而开启了防抖功能后，其微小的震动反而会造成图像质量下降。值得一提的是，很多防抖镜头同时还带有三脚架检测功能，即它可以检测到三脚架细微震动造成的抖动并进行补偿，因此，在使用这种镜头拍摄时，则不应关闭防抖功能。

Nikon D780

Q：VR功能是否能够代替较高的快门速度？

A：虽然在弱光条件下拍摄时，具有VR功能的镜头允许摄影师使用更低的快门速度，但实际上VR功能并不能代替较高的快门速度。要想获得高清晰度的照片，仍然需要用较高的快门速度来捕捉瞬间的动作。不管VR的功能多么强大，使用较高的快门速度才能够清晰地捕捉到快速移动的被摄对象，这一条是不会改变的。

防抖技术的应用

虽然防抖技术会对图片的画质产生一定的负面影响，但是在光线较弱时，为了得到清晰的画面，它又是必不可少的。例如，在拍摄动物时常常会使用400mm的长焦镜头，这就要求相机的快门速度必须保持在1/400s的安全快门速度以上，光线略有不足就很容易把照片拍虚，这时使用防抖功能几乎就成了唯一的选择。

▲ 猴子觅食时的动作幅度较大且快，在这种情况下使用长焦镜头拍摄，即使使用高于安全快门速度的快门速度也有可能出现画面模糊的情况，因此需要使用具有防抖功能的镜头，即使放大查看，猴子的毛发依然很清晰。『焦距：400mm ¦ 光圈：F5.6 ¦ 快门速度：1/500s ¦ 感光度：ISO250』

长时间曝光降噪

曝光时间越长，则产生的噪点就越多，此时，可以启用"长时间曝光降噪"功能来消减画面中产生的噪点。设定步骤如右所示。

"长时间曝光降噪"菜单用于对快门速度低于 1 秒（或者说总曝光时间长于 1 秒）时所拍摄的照片进行减少噪点处理。处理所需时间长度约等于当前曝光的时长。

需要注意的是，在处理过程中，取景器中将会闪烁 **Job nr** 字样且无法拍摄照片。若处理完毕前关闭相机，则照片会被保存，但相机不会对其进行降噪处理。

设定步骤

① 在**照片拍摄**菜单中点击选择**长时间曝光降噪**选项

② 点击可选择**开启**或**关闭**选项

 高手点拨：一般情况下，建议将其设置为"开启"，但是在某些特殊条件下，比如在恶劣的天气拍摄时，电池的电量会消耗得很快，为了保持电池的电量，建议关闭该功能，因为相机的降噪过程和拍摄过程需要大致相同的时间。

▶ 右图是未开启"长时间曝光降噪"功能拍出照片放大后的画面局部，左图是开启了"长时间曝光降噪"功能拍出照片放大后的画面局部，画面中的杂色及噪点都明显减少，但同时也损失了一些细节。

▲ 拍摄夜晚天空中梦幻的星轨时，由于曝光时间非常长，所以需要开启"长时间曝光降噪"功能进行噪点消减处理，从而获得较高的画质『焦距：18mm ┆ 光圈：F16 ┆ 快门速度：3600s ┆ 感光度：ISO200』

设置感光度控制照片品质

理解感光度

数码相机的感光度概念是从传统胶片感光度引入的，用于表示感光元件对光线的敏锐程度，即在相同条件下，感光度越高，获得光线的数量也就越多。但要注意的是，感光度越高，产生的噪点就越多，而低感光度画面则清晰、细腻，细节表现较好。

Nikon D780 作为全画幅数码单反相机，在感光度的控制方面非常优秀。其常用感光度范围为 ISO100~ISO51200，并可以向下扩展至 Lo0.3~Lo1（Lo1 相当于 ISO50），向上扩展至 Hi 0.3~Hi 2（Hi 2 相当于 ISO204800）。在光线充足的情况下，一般使用 ISO100 拍摄即可。

▶ 操作方法

按住 ISO 按钮并转动主指令拨盘，即可调节 ISO 感光度的数值。

ISO 感光度设定

Nikon D780 提供了很多感光度控制选项，可以在"照片拍摄"菜单的"ISO 感光度设定"中设置 ISO 感光度的数值以及自动 ISO 感光度控制参数。

设置 ISO 感光度的数值

当需要改变 ISO 感光度的数值时，可以在"拍摄"菜单的"ISO 感觉光度设定"中进行设置。当然，通常都在控制面板上完成 ISO 感光度的设置，这样操作起来更方便，同时也更省电。设定步骤如下所示。

⬇ 设定步骤

❶ 在**照片拍摄**菜单中点击选择 ISO **感光度设定**选项

❷ 选择 ISO **感光度**选项

❸ 点击可选择不同的感光度数值

自动 ISO 感光度控制

当对感光度的设置要求不高时，可以将 ISO 感光度指定为由相机自动控制，即当相机检测到依据当前的光圈与快门速度组合无法满足曝光需求或可能会曝光过度时，就会自动选择一个合适的 ISO 感光度数值，以满足正确曝光的需求。设定步骤如右所示。

高手点拨：自动感光度控制适合在环境光线变化幅度较大的场合使用，例如演唱会、婚礼现场，在这些场合拍摄时，相机可以快速提高或降低感光度，从而拍出曝光合适的照片。

⬇ 设定步骤

❶ 在**照片拍摄**菜单中点击选择 ISO **感光度设定**选项

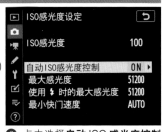

❷ 点击选择**自动** ISO **感光度控制**选项

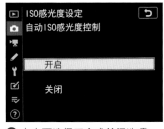

❸ 点击可选择**开启**或**关闭**选项

❹ 开启此功能后，可以对**最大感光度、使用⚡时的最大感光度、最小快门速度**进行设定

在"自动 ISO 感光度控制"中选择"开启"时，可以对"最大感光度""使用⚡时的最大感光度"和"最小快门速度"3 个选项进行设定。设定步骤如下所示。

● 最大感光度：选择此选项，可设置自动感光度的最大值。

● 使用⚡时的最大感光度：选择此选项，可设置当使用闪光灯拍摄时自动感光度的最大值。用户可以选择一个感光度数值，也可以选择"与不使用闪光灯时相同"选项。

● 最小快门速度：选择此选项，当开启"自动 ISO 感光度控制"功能时，可以指定一个快门速度的最低数值，即当快门速度低于此数值时，才由相机自动提高感光度数值。

⬇ 设定步骤

❶ 如果选择了**最大感光度**选项时，点击可选择最大感光度数值

❷ 如果选择了**使用⚡时的最大感光度**选项时，点击可选择闪光拍摄时最大感光度数值

❸ 如果选择了**最小快门速度**选项时，点击选择最小快门速度数值

高手点拨：如果是日常拍摄，那么"自动ISO感光度控制"功能还是很实用的；反之，如果希望拍出高质量的照片，则建议关闭此功能，而改为手工控制感光度。

ISO 数值与画质的关系

对于 Nikon D780 而言，使用 ISO1600 以下的感光度拍摄时，均能获得优秀的画质；使用 ISO1600~ISO3200 之间的感光度拍摄时，其画质比低感光度有相对明显的降低，但是依旧可以用良好来形容。

如果从实用角度来看，使用 ISO1600 和 ISO3200 拍摄的照片细节完整、色彩生动，如果不是 100% 放大查看，和使用较低感光度拍摄的照片并无明显差异。但是对于一些对画质要求较为苛求的用户来说，ISO1600 是 Nikon D780 能保证较好画质的最高感光度。使用高于 ISO1600 的感光度拍摄时，虽然整个画面依旧没有过多杂色，但是照片细节上的缺失通过大屏幕显示器观看时就能感觉到，所以除非处于极端环境中，否则不推荐使用。

下面是一组在焦距为 105mm、光圈为 F2.8 的特定参数下，只改变感光度拍摄的一组照片。

▲ 感光度：ISO100　快门速度：1/40s

▲ 感光度：ISO320　快门速度：1/160s

▲ 感光度：ISO500　快门速度：1/200s

▲ 感光度：ISO800　快门速度：1/320s

▲ 感光度：ISO1000　快门速度：1/500s

▲ 感光度：ISO1600　快门速度：1/800s

通过对比上面展示的照片及参数可以看出，在光圈优先模式下，随着感光度的升高，快门速度越来越快，虽然照片的曝光量没有变化，但画面中的噪点却逐渐增多。

Q：为什么全画幅相机能更好地控制噪点？

A：数码单反相机产生噪点的原因非常复杂，但感光元件是其中最重要也是最直接的影响因素，即感光元件中的感光单元之间的距离越近，则电流之间的相互干扰就越严重，进而导致噪点的产生。

感光单元之间的距离可以理解为像素密度，即单位感光元件上的像素量。Nikon D780 作为全画幅数码单反相机，与 DX 画幅相机相比，由于感光元件更大，因此在像素量相同的情况下，像素密度更低，产生的噪点也就更少。

Nikon D780

感光度对曝光结果的影响

作为控制曝光的三大要素之一，在其他条件不变的情况下，感光度每增加一挡，感光元件对光线的敏锐度会随之提高一倍，即增加一倍的曝光量；反之，感光度每减少一挡，则减少一半的曝光量。

更直观地说，感光度的变化直接影响光圈或快门速度的设置，以F5.6、1/200s、ISO400的曝光组合为例，在保证被摄体正确曝光的前提下，如果要改变快门速度并使光圈数值保持不变，可以通过提高或降低感光度来实现，快门速度提高一倍（变为1/400s），则可以将感光度提高一倍（变为ISO800）；如果要改变光圈值而保证快门速度不变，同样可以通过调整感光度数值来实现，例如要增加两挡光圈（变为F2.8），则可以将ISO感光度数值降低两挡（变为ISO100）。

下面是一组在焦距为18mm、光圈为F5、快门速度为30s的特定参数下，只改变感光度拍摄的照片。

▲ 感光度：ISO100

▲ 感光度：ISO200

▲ 感光度：ISO400

这一组照片是在M挡手动曝光模式下拍摄的，在光圈、快门速度不变的情况下，随着ISO数值的增大，由于感光元件的感光敏感度越来越高，画面变得越来越亮。

▲ 感光度：ISO800

▲ 感光度：ISO1250

感光度的设置原则

感光度除了会对曝光产生影响外，对画质也有着极大的影响，即感光度越低，画面就越细腻；反之，感光度越高，就越容易产生噪点、杂色，画质就越差。

在条件允许的情况下，建议采用Nikon D780基础感光度中的最低值，即ISO100，这样可以最大限度地保证照片得到较高的画质。

需要特别指出的是，使用相同的ISO感光度分别在光线充足与不足的环境中拍摄时，在光线不足环境中拍摄的照片会产生更多的噪点，如果此时再使用较长的曝光时间，那么就更容易产生噪点。因此，在弱光环境中拍摄时，更需要设置低感光度，并配合使用"高ISO降噪"和"长时间曝光降噪"功能来获得较高的画质。

当然，低感光度的设置可能会导致快门速度很低，在手持拍摄时很容易由于手的抖动而导致画面模糊。此时，应该果断地提高感光度，即首先保证能够成功完成拍摄，然后再考虑高感光度给画质带来的损失。因为画质损失可通过后期处理来弥补，而画面模糊则意味着拍摄失败，后期是无法补救的。

消除高 ISO 产生的噪点

感光度越高，则照片产生的噪点也就越多，此时可以启用"高 ISO 降噪"功能来减弱画面中的噪点，但要注意的是，这样会失去一些画面的细节。设定步骤如右所示。

在"高 ISO 降噪"菜单中包含"高""标准""低"和"关闭"4 个选项。选择"高""标准""低"时，可以在任何时候执行降噪（不规则间距明亮像素、条纹或雾像），尤其针对使用高 ISO 感光度拍摄的照片更有效；选择"关闭"时，则仅在需要时执行降噪，所执行的降噪量要少于将该选项设为"低"时所执行的量。

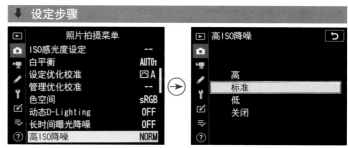

❶ 在**照片拍摄**菜单中点击选择**高 ISO 降噪**选项

❷ 点击可选择不同的降噪标准

 高手点拨：对于喜欢采用RAW格式存储照片或者连拍的用户，建议关闭该功能，尤其是将降噪标准设为"高"时，将大大影响相机的连拍速度；对于喜欢直接使用相机打印照片或者采用JPEG格式存储照片的用户，建议选择"标准"或"低"；如果使用了很高的感光度，且画面噪点明显，可以选择"高"。

▲ 将"高 ISO 降噪"设置为"标准"时拍摄的动物照片。『焦距：300mm ¦光圈：F5.6 ¦快门速度：1/320s ¦感光度：ISO3200』

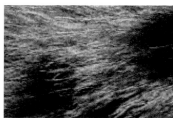
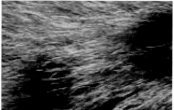

▲ 上图是未启用"高 ISO 感光度降噪"功能拍摄的效果，下图为启用此功能后拍摄的效果，对比局部图可以发现，降噪后的照片噪点明显减少，但同时也损失了一些细节。

曝光四因素之间的关系

影响曝光的因素有 4 个：①照明的亮度（Light Value），简称 LV，大部分照片是以阳光为光源进行拍摄的，但我们无法控制阳光的亮度；②感光度，即 ISO 值，ISO 值越高，相机所需的曝光量越少；③光圈，更大的光圈能让更多的光线通过；④曝光时间，也就是所谓的快门速度。下图为 4 个因素之间的联系。

影响曝光的这 4 个因素是一个互相牵引的四角关系，改变任何一个因素，均会对另外 3 个造成影响。例如最直接的对应关系是"亮度—感光度"，当在较暗的环境中（亮度较低）拍摄时，就要使用较高的感光度值，以增加相机感光元件对光线的敏感度，得到曝光正常的画面。另一个直接的影响是"光圈—快门"，当用大光圈拍摄时，进入相机镜头的光量变多，因而快门速度便要提高，以避免照片过曝；反之，当缩小光圈时，进入相机镜头的光量变少，快门速度就要相应地变低，以避免照片欠曝。

下面进一步解释这四者的关系。

当光线较为明亮时，相机感光充分，因而可以使用较低的感光度、较高的快门速度或小光圈拍摄；

当使用高感光度拍摄时，相机对光线的敏感度增加，因此也可以使用较高的快门速度、较小光圈拍摄；

当降低快门速度做长时间曝光时，则可以通过缩小光圈、使用较低的感光度，或者加中灰镜来得到正确的曝光。

当然，在现场光环境中拍摄时，画面的亮度很难做出改变，虽然可以用中灰镜降低亮度，或提高感光度来增加亮度，但是依然会带来一定的画质影响。因此，摄影师通常会先考虑调整光圈和快门速度，当调整光圈和快门速度都无法得到满意的效果时，才会调整感光度数值，最后考虑安装中灰镜或增加灯光给画面补光。

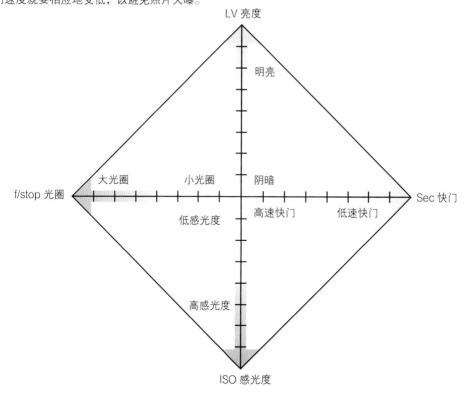

设置白平衡控制画面色彩

理解白平衡存在的重要性

无论是在室外的阳光下，还是在室内的白炽灯光下，人眼都将白色视为白色，将红色视为红色。我们产生这种感觉是因为人的肉眼能够修正光源变化造成的着色差异。实际上，当光源改变时，作为这些光源的反射而被捕获的颜色也会发生变化，相机会精确地将这些变化记录在照片中，这样的照片在纠正之前看上去是偏色的。

数码相机具有的"白平衡"功能，可以纠正不同光源下色彩的变化，就像人眼的功能一样，使偏色的照片得到纠正。

值得一提的是，在实际应用时，我们也可以尝试使用"错误"的白平衡设置，从而获得特殊的画面色彩。例如，在拍摄夕阳时，如果使用荧光灯或阴影白平衡，则可以得到冷暖对比或带有强烈暖调色彩的画面，这也是白平衡的一种特殊应用方式。

Nikon D780 相机共提供了 3 类白平衡设置，即预设白平衡、手调色温及自定义白平衡，下面分别讲解它们的功能。

预设白平衡

除了自动白平衡外，Nikon D780 相机还提供了白炽灯☀、荧光灯☰、晴天☀、闪光灯⚡、阴天☁及背阴⌂ 6 种预设白平衡，它们分别适用于一些常见的典型环境，通过选择这些预设的白平衡可快速获得需要的设置。设定步骤如下所示。

▶ 操作方法

在机身上设置白平衡时，按住 WB 按钮并同时转动主指令拨盘，即可选择不同的白平衡模式。

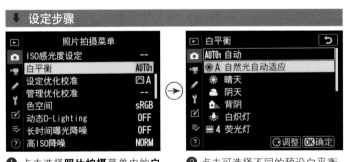

❶ 点击选择**照片拍摄**菜单中的**白平衡**选项

❷ 点击可选择不同的预设白平衡，然后点击 ◻确定 图标确定

灵活设置自动平衡的优先级

Nikon D780 相机的自动白平衡模式可以设置 3 种工作模式。此菜单的主要作用是设置当在室内白炽灯照射的环境中拍摄时，是环境氛围优先还是色彩还原优先，又或者两者兼顾。设定步骤如右所示。

如果选择"保留暖色调颜色"选项，那么自动白平衡模式能够较好地表现出拍摄环境下色彩的氛围效果，拍出来的照片能够保留环境中的暖色调，从而使画面具有温暖的氛围；选择"保持白色（减少暖色）"选项，那么自动白平衡模式可以抑制灯光中的红色，准确地再现白色；而选择"保持总体氛围"选项，自动白平衡模式则由相机自动进行调整，从而获得环境色调与色彩还原相对平衡的照片。

需要注意的是，3 种不同的自动白平衡模式只有在色温较低的场景中才能表现出差异，在其他条件下，使用 3 种自动白平衡模式拍摄出来的照片效果是一样的。

❶ 在**照片拍摄菜单**中点击选择**白平衡**选项

❷ 点击选择**自动**选项

❸ 点击选择所需的选项

▲ 选择"保持白色（减少暖色）"自动白平衡模式可以抑制灯光中的红色，拍摄出来的模特的皮肤会显得更白皙、好看一些。『焦距：85mm ┊光圈：F3.2 ┊快门速度：1/40s ┊感光度：ISO400 』

◀ 使用"保留暖色调颜色"自动白平衡模式拍摄出来的照片暖色调更明显一些。『焦距：85mm ┊光圈：F2.8 ┊快门速度：1/50s ┊感光度：ISO400 』

什么是色温

在摄影领域，色温用于说明光源的成分，单位为"K"。例如，日出日落时光的颜色为橙红色，这时色温较低，大约为3200K；太阳升高后，光的颜色为白色，这时色温高，大约为5400K；阴天的色温还要高一些，大约为6000K。色温值越大，则光源中所含的蓝色光越多；反之，当色温值越小，则光源中所含的红色光越多。下图为常见场景的色温值。

低色温的光趋于红、黄色调，其能量分布中红色调较多，因此又通常被称为"暖光"；高色温的光趋于蓝色调，其能量分布较集中，也被称为"冷光"。通常在日落之时，光线的色温较低，因此拍摄出来的画面偏暖，适合表现夕阳静谧、温馨的感觉，为了加强这样的画面效果，可以叠加使用暖色滤镜，或是将白平衡设置成阴天模式。晴天、中午时分的光线色温较高，拍摄出来的画面偏冷，通常这时空气的能见度也较高，可以很好地表现大景深的场景。另外，冷色调的画面还可以很好地表现出冷清的感觉，在视觉上给人开阔的感觉。

蓝天、白雪约10000K

雨天/阴天约7000K

正午晴天约5000K

下午阳光约4500K

室内灯光约3400K

烛光约1800K

9000K

8000K

7000K

6000K

5000K

4000K

3000K

2000K

户外阴影约7500K

阴天约6500K

闪光灯约5500K

夕阳约3800K

家用电灯约2800K

选择色温

为了满足复杂光线环境下的拍摄需求，Nikon D780 相机为色温调整白平衡模式提供了 2500~10000K 的调整范围，并提供了一个色温调整列表，用户可以根据实际色温和拍摄要求进行精确调整。

可以通过两种操作方法来设置色温，第一种是通过菜单进行设置，设定步骤如下所示；第二种是通过机身按钮来操作。

在通常情况下，使用自动白平衡模式就可以获得不错的色彩效果。但在特殊光线条件下，使用自动白平衡模式可能无法得到准确的色彩还原，此时，应根据光线条件选择合适的白平衡模式。实际上每一种预设白平衡也对应着一个色温值，以下是不同预设白平衡模式所对应的色温值。了解不同预设白平衡所对应的色温值，有助于摄影师精确设置不同光线下所需的色温值。

设定步骤

  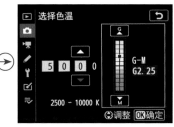

❶ 在**照片拍摄**菜单中点击选择**白平衡**选项，然后点击选择**选择色温**选项

❷ 点击选择数字框，点击▲或▼图标可更改色温数值

❸ 点击选择 G（绿色）或 M（洋红）轴，然后点击▲或▼图标选择一个数值，完成后点击 OK确定 图标确定

选 项		色 温	说 明
AUTO 自动	保持总体氛围 保留暖色调颜色 保持白色（减少暖色）	3500 ~ 8000K	相机自动调整白平衡。为了获得最佳效果，请使用G型或D型镜头。若使用内置或另购的闪光灯，相机将根据闪光灯闪光的强弱调整画面
荧光灯	白炽灯	3000K	在白炽灯照明环境中使用
	钠汽灯	2700K	在钠汽灯照明环境（如运动场所）中使用
	暖白色荧光灯	3000K	在暖白色荧光灯照明环境中使用
	白色荧光灯	3700K	在白色荧光灯照明环境中使用
	冷白色荧光灯	4200K	在冷白色荧光灯照明环境中使用
	昼白色荧光灯	5000K	在昼白色荧光灯照明环境中使用
	白昼荧光灯	6500K	在白昼荧光灯照明环境中使用
	高色温汞气灯	7200K	在高色温光源（如水银灯）照明环境中使用
晴天		5200K	在拍摄对象处于直射阳光下时使用
闪光灯		5400K	在使用内置或另购的闪光灯时使用
阴天		6000K	在白天多云时使用
背阴		8000K	在拍摄对象处于白天阴影中时使用

自定义白平衡

通过拍摄的方式自定义白平衡

Nikon D780 还提供了一个非常方便的、通过拍摄的方式来自定义白平衡的方法，其操作流程如下。

❶ 在机身上将对焦模式开关切换至M（手动对焦）模式，然后将一个中灰色或白色物体放置在用于拍摄最终照片的光线下。

❷ 按住WB按钮并同时旋转主指令拨盘选择自定义白平衡模式PRE，然后旋转副指令拨盘直至显示屏中显示所需白平衡预设（d-1至d-6），此处选择的是d-1。

❸ 短暂释放WB按钮，然后再次按下该按钮直至控制面板和取景器中的PRE图标开始闪烁，此时即表示可以进行自定义白平衡操作了。

❹ 在PRE图标停止闪烁前，对准白色参照物并使其充满取景器，然后按下快门拍摄一张照片。

❺ 拍摄完成后，取景器中将显示闪烁的Gd，控制面板中则显示闪烁的Good，表示自定义白平衡已经完成，且已经被应用于相机。

高手点拨：在实际拍摄时灵活运用自定义白平衡功能，可使拍摄效果更自然，这要比使用滤镜获得的效果更自然，操作也更方便。但值得注意的是，当曝光不足或曝光过度时，使用自定义白平衡可能无法获得正确的色彩还原。此时控制面板和取景器中将显示NO Gd字样，半按快门按钮可返回步骤4并再次测量白平衡。在实际拍摄时如果使用18%灰卡（市面有售）取代白色物体，可以获得更精确的自定义白平衡。

❶ 切换至手动对焦模式

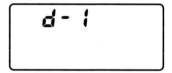

❷ 切换至自定义白平衡模式

❸ 按住 WB 按钮

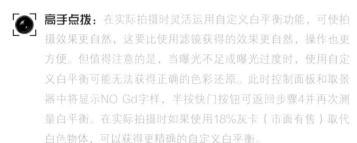

◀ 采用自定义白平衡模式拍摄室内人像，画面中人物的肤色得到了准确还原。『焦距：24mm ┊光圈：「10 ┊快门速度：1/125s ┊感光度：ISO100』

从照片中复制白平衡

在 Nikon D780 中，可以将拍摄某一张照片时定义的白平衡复制到当前指定的白平衡预设中，这种功能被称为从照片中复制白平衡，是高端数码相机才提供的功能。设定步骤如下所示。

设定步骤

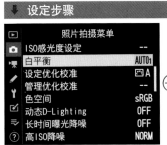

❶ 在**照片拍摄**菜单中点击选择**白平衡**选项

❷ 点击选择**手动预设**选项

❸ 点击选择要应用或编辑的白平衡预设（此处选择的是 d-1）

❹ 点击选择**选择图像**选项

❺ 点击选择用于复制白平衡的源图像，然后点击[OK确定]图标确定

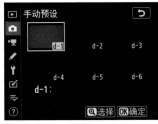

❻ 此时 d-1 白平衡预设的缩微图也变为了上一步所选择的图像，然后点击[OK确定]图标保存

通过白平衡复制功能将之前拍摄夕阳景象时的白平衡运用到选中的图像上，得到了偏暖的画面效果。『焦距：300mm┊光圈：F8┊快门速度：1/1250s┊感光度：ISO100』

设置自动对焦模式以准确对焦

对焦是成功拍摄的重要前提之一，准确对焦可以让主体在画面中清晰呈现，反之则容易出现画面模糊的问题，也就是所谓的"失焦"。

Nikon D780 提供了 AF 自动对焦与 M 手动对焦两种模式，而 AF 自动对焦又可以分为 AF-S 单次伺服自动对焦和 AF-C 连续伺服自动对焦两种，选择合适的对焦方式可以帮助我们顺利地完成对焦工作，下面分别讲解它们的使用方法。

单次自动对焦模式（AF-S）

单次自动对焦在合焦（半按快门时对焦成功）之后即停止自动对焦，此时可以保持半按快门的状态重新调整构图，此自动对焦模式常用于拍摄静止的对象。

▶ 操作方法

确定对焦模式选择器处于 AF 图标位置的基础上之后，按住 AF 按钮，然后转动主指令拨盘，可以在三种自动对焦模式间切换。

▲ 在拍摄静态对象时，使用单次自动对焦模式完全可以满足拍摄需求。

Q：AF（自动对焦）不工作怎么办？

A：首先要检查相机上的对焦模式开关，如果机身上的对焦模式开关处于 M 挡，将不能自动对焦，此时将相机上的对焦模式开关置为 AF 即可。另外，还要确保稳妥地安装了镜头，如果没有稳妥地安装镜头，则有可能无法正确对焦。

连续自动对焦模式（AF-C）

选择此对焦模式后，当摄影师半按快门合焦后，保持快门的半按状态，相机会在对焦点中自动切换以保持对运动对象的准确合焦状态，如果在这个过程中主体位置或状态发生了较大的变化，相机会自动做出调整。这是因为在此对焦模式下，如果在摄影师半按快门释放按钮时，被摄对象靠近或离开了相机，则相机将自动启用预测对焦跟踪系统。这种对焦模式较适合拍摄运动中的鸟、昆虫、人等对象。

▲ 在拍摄运动的鸟时，使用连续伺服自动对焦模式可以随着拍摄对象的运动而迅速改变对焦，以保证获得焦点清晰的画面。『焦距：500mm ┊ 光圈：F4.5 ┊ 快门速度：1/800s ┊ 感光度：ISO320』

自动选择自动对焦模式（AF-A）

自动选择自动对焦模式适用于无法确定被摄对象是静止还是运动状态的情况，此时相机会自动根据被摄对象是否运动来选择单次自动对焦模式（AF-S）还是连续自动对焦模式（AF-C）。

自动选择自动对焦模式适用于拍摄不能够准确预测动向的被摄对象，如昆虫、鸟、儿童等。

Q：如何拍摄自动对焦困难的主体？

A：在某些情况下，直接使用自动对焦功能拍摄时对焦会比较困难，此时除了使用手动对焦方法外，还可以按下面的步骤使用对焦锁定功能进行拍摄。

1. 设置对焦模式为单次伺服自动对焦，将自动对焦点对焦在另一个与希望对焦的主体距离相等的物体上，然后半按快门按钮或 AE-L/AF-L 按钮。

2. 因为半按快门按钮或 AE-L/AF-L 按钮时对焦已被锁定，因此可以将镜头转至希望对焦的主体上，重新构图后完全按下快门完成拍摄。

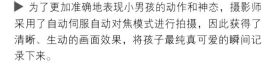
Nikon D780

▶ 为了更加准确地表现小男孩的动作和神态，摄影师采用了自动伺服自动对焦模式进行拍摄，因此获得了清晰、生动的画面效果，将孩子最纯真可爱的瞬间记录下来。

灵活设置自动对焦辅助功能

AF-C 模式下优先释放快门或对焦

"AF-C 优先选择"菜单用于控制在采用 AF-C 连续伺服自动对焦模式时,每次按下快门释放按钮时都可拍摄照片,还是仅当相机清晰对焦时才可拍摄照片。设定步骤如右所示。

❶ 进入**自定义设定**菜单,选择 a **自动对焦**中的 a1 AF-C **优先选择**选项

❷ 点击选择一个选项即可

● 释放:选择此选项,则无论何时按下快门释放按钮均可拍摄照片。如果确认"拍到"比"拍好"更重要,例如,在突发事件的现场,或记录不会再出现的重大时刻,可以选择此选项,以确保至少能够拍到值得纪录的画面,至于是否清晰就靠运气了。

● 对焦:选择此选项,则仅当显示对焦指示(●)时方可拍摄照片,而且拍出的照片是清晰的,但有可能出现在相机对焦的过程中,被摄对象已经消失,或拍摄时机已经丧失的情况。

AF-S 模式下优先释放快门或对焦

与"AF-C 优先选择"菜单类似,"AF-S 优先选择"菜单也是用于控制采用 AF-S 单次伺服自动对焦模式时,是每次按下快门释放按钮时都可拍摄照片,还是仅当相机清晰对焦时才可拍摄照片。设定步骤如右所示。

不同的是,无论选择哪个选项,当显示对焦指示(●)时,对焦将在半按快门释放按钮期间被锁定,且对焦将持续锁定直至快门被释放。

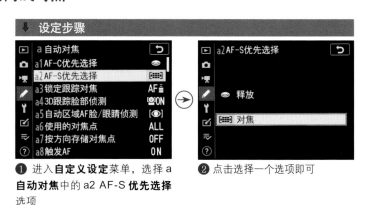

❶ 进入**自定义设定**菜单,选择 a **自动对焦**中的 a2 AF-S **优先选择**选项

❷ 点击选择一个选项即可

● 释放:选择此选项,则无论何时按下快门释放按钮均可拍摄照片。由于在使用 AF-S 对焦模式时,相机仅对焦一次,因此,如果半按快门对焦后过一段时间再释放快门,则有可能由于被摄对象的位置发生了较大变化,导致拍摄出来的照片处于完全脱焦、虚化的状态。

● 对焦:选择此选项,则仅当显示对焦指示(●)时方可拍摄照片。

锁定跟踪对焦

"锁定跟踪对焦"菜单用于设定在取景器拍摄状态下，使用AF-C或AF-A模式下使用AF C模式拍摄时，当有障碍对象从拍摄对象与相机之间穿过时，相机对焦的反应速度。设定步骤如右所示。

通过此参数的设置，相机会"明白"是忽略障碍对象继续跟踪对焦被摄对象，还是对新被摄体（即障碍对象）进行对焦拍摄。在此菜单中，可以向左边的"快速"或右边的"延迟"拖动滑块来改变追踪灵敏度。

当滑块位置偏向于"延迟"时，即使有障碍物遮挡被摄对象，或被摄对象偏移了对焦点，相机仍然会继续保持原来的对焦状态；反之，若滑块位置偏向于"快速"方向，障碍对象一旦出现，相机的对焦点就会马上从原被摄对象移开，对焦在新的障碍对象上。

- 快速：相机能迅速地对障碍对象对焦，即相机也更容易对错误的被摄体对焦。不过在3D跟踪或自动区域AF模式下，快速1和快速2均相当于3。
- 延迟：即使有障碍物进入自动对焦点或被摄对象偏离自动对焦点，相机也会试图连续对焦被摄对象。滑块越向"延迟"一侧偏移，相机追踪目标被摄对象的时间就越长。如果相机对错误的被摄体对焦，也要花费更长时间才能切换并对目标被摄对象对焦。

設定步骤

	a 自动对焦	
	a1 AF-C优先选择	
	a2 AF-S优先选择	
	a3 锁定跟踪对焦	AF
	a4 3D跟踪脸部侦测	ON
	a5 自动区域AF脸/眼睛侦测	
	a6 使用的对焦点	ALL
	a7 按方向存储对焦点	OFF
	a8 触发AF	ON

❶ 进入**自定义设定**菜单，点击选择 a **自动对焦**中的 a3 **锁定跟踪对焦**选项

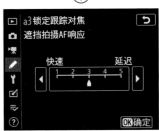

a3 锁定跟踪对焦
遮挡拍摄AF响应

快速　　　　　延迟
1　2　3　4　5

OK确定

❷ 点击◀或▶图标选择一个选项，然后点击 OK确定 图标确认

运动场上运动员的位置变化极快，此时应该设置延迟选项，以避免当其他运动员挡在要拍摄的运动员前面时相机会马上脱焦。 焦距：300mm ┊ 光圈：F4 ┊ 快门速度：1/800s ┊ 感光度：ISO1000

自动对焦区域模式

Nikon D780 相机在取景器拍摄时提供了 51 个自动对焦点，在即时取景拍摄时提供了 273 个自动对焦点，为精确对焦提供了极大的便利。这些自动对焦点被分成为 5 种自动对焦区域模式，摄影师可以选择合适的自动对焦区域模式，以改变对焦点的数量及用于对焦的方式，从而满足不同的拍摄需求。

单点区域 AF

在此对焦区域模式下，摄影师可以使用多重选择器选择对焦点，拍摄时相机仅对焦于所选对焦点上的拍摄对象。此对焦区域模式适用于拍摄静止的对象。

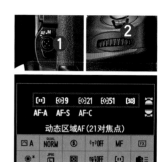

◀ 操作方法

在确定对焦模式选择器处于 AF 图标位置的基础上之后，按住**AF**按钮，然后转动副指令拨盘，可以在 5 种自动对焦区域模式间切换。

▲ 在拍摄人像时，常常使用单点自动对焦区域模式对人物眼睛对焦，得到人物清晰而前、后景虚化的效果。『焦距：190mm ┆光圈：F5 ┆快门速度：1/320s ┆感光度：ISO100』

动态区域 AF

在 AF-A 和 AF-C 自动对焦模式下，若拍摄对象暂时偏离所选对焦点，则相机会自动使用周围的对焦点进行对焦。对焦点数量可选择 9、21 或 51。

● 9 个对焦点：若拍摄对象偏离所选对焦点，相机将根据周围 8 个对焦点的信息进行对焦。当有时间进行构图或拍摄正在进行可预测运动趋势的对象（如跑道上赛跑的运动员或赛车）时，可以选择该选项。

● 21 个对焦点：若拍摄对象偏离所选对焦点，相机将根据周围 20 个对焦点的信息进行对焦。当拍摄正在进行不可预测运动趋势的对象（如足球场上的运动员）时，可以选择该选项。

● 51 个对焦点：若拍摄对象偏离所选对焦点，相机将根据周围 50 个对焦点的信息进行对焦。当拍摄对象运动迅速（如小鸟），不易在取景器中构图时，可以选择该选项。

高手点拨：有些摄影爱好者对Nikon D780在动态区域AF模式下，提供三种不同数量对焦点选项感到迷惑。认为只需要提供对焦点数量最多的一个选项即可，实际上这是个错误的认识。不同数量的对焦点，将影响相机的对焦时间与精度，因为在此模式下，使用的对焦点越多，相机就越需要花费时间利用对焦点对拍摄对象进行跟踪，因此对焦效率就越低，同时，由于对焦点数量上升，覆盖的拍摄区域变大，则对焦时就有可能受到其他障碍对象的影响，导致对焦精度下降。因此，根据拍摄对象选择点数不同的自动对焦区域模式是非常有必要的。

3D 跟踪 AF

在 AF-A 和 AF-C 自动对焦模式下，相机将跟踪偏离所选对焦点的拍摄对象，并根据需要选择新的对焦点。此自动对焦区域模式用于对从一端到另一端进行不规则运动的拍摄对象（如网球选手）进行迅速构图。若拍摄对象偏离取景器，可松开快门释放按钮，并将拍摄对象置于所选对焦点之中重新构图。

群组区域 AF

在此对焦区域模式下，由摄影师选择 1 个对焦点，然后在所选对焦点的上、下、左、右方向各分布 1 个对焦点，通过这组 5 个对焦点捕捉拍摄对象。此对焦区域模式适用于使用单个对焦点难以对焦的拍摄题材。

自动区域 AF

在此自动对焦区域模式下，相机将自动侦测拍摄对象并选择对焦点。如果侦测到面部，相机将优先对焦该人物拍摄对象。当前对焦点在相机对焦后会短暂加亮显示；当前对焦点在相机对焦后会短暂加亮显示；在 AF-C 连续伺服自动对焦模式或 AF-A 自动伺服自动对焦模式下，其他对焦点关闭后主要对焦点将保持加亮显示。

Q：使用动态区域 AF 模式进行拍摄时，取景器中的对焦点状态与使用单点区域 AF 模式相同，两者的区别是什么？

A：使用动态区域 AF 模式对焦时，虽然在取景器中，看到的对焦点状态与单点区域 AF 模式下的状态相同，但实际上根据选择的 AF 选项不同，在当前对焦点的周围会隐藏着用于辅助对焦的多个对焦点。例如在选择 9 个对焦点的情况下，在当前对焦点的周围会有 8 个用于辅助对焦的对焦点。

Nikon D780

Q：为什么有时使用 3D 跟踪自动对焦区域模式在改变构图时，无法保持拍摄对象的清晰对焦？

A：使用 3D 跟踪 AF 区域模式时，在半按下快门释放按钮后，对焦点周围区域中的色彩会被保存到相机中。因此，当拍摄对象的颜色与背景的颜色相同时，使用 3D 跟踪 AF 可能无法获得预期的效果。例如，在秋季拍摄羽毛颜色为棕色的飞鸟时，由于飞鸟身体的颜色与背景的枯黄色相近，就可能出现改变构图后无法保持飞鸟清晰对焦的情况。根据实际使用经验，在深色背景下，跟踪对焦最佳的是红色、绿色主体，蓝色次之，相对较弱的是黑色或灰色主体。

Nikon D780

灵活设置自动对焦点辅助功能

3D 跟踪脸部侦测

当将自动对焦区域模式设为"3D 跟踪"模式时，可以在"3D 跟踪脸部侦测"菜单中设置在追踪对焦时是否以人物脸部为对焦标准。设定步骤如右所示。

● 启用：选择此选项，在实际拍摄时，相机将在追焦过程中自动对焦至人物脸部，以得人脸清晰的画面。

● 关闭：选择此选项，则相机将在追焦过程中，可能会对人物脸部对焦，也有可能对拍摄对象的身体对焦，拍摄出来的画面人物脸部的清晰率不能完全保证。

❶ 进入**自定义设定**菜单，选择 a **自动对焦**中的 a4 3D **跟踪脸部侦测**选项

❷ 点击选择**开启**或**关闭**选项即可

设置自动区域 AF 模式下侦测脸或眼睛

通过前面的内容可以得知，在自动区域 AF 模式下，完全由相机自动选择对焦点，为了提高相机在拍摄人像时自动识别对焦的成功率，Nikon D780 相机提供了"自动区域 AF 脸/眼睛侦测"功能。设定步骤如右所示。

通过"自动区域 AF 脸/眼睛侦测"菜单，摄影师可以设置在自动区域 AF 模式下，相机是否以检测到画面中人物脸部或眼睛来作为对焦的依据。

● 脸部和眼睛侦测开启：选择此选项，若相机在即时取景静态拍摄过程中侦测到人物，将自动对焦于人物两只

❶ 进入**自定义设定**菜单，选择 a **自动对焦**中的 a5 **自动区域 AF 脸/眼睛侦测**选项

❷ 点击选择所需的选项

眼睛中的一只；在取景器拍摄或视频录制过程中，或未侦测到眼睛时，相机将对焦于人物的脸部。

● 脸部侦测开启：选择此选项，当相机侦测到人物时，会自动对焦于人物的脸部。

● 关闭：选择此选项，相机只根据自动对焦信息自动选择自动对焦点，不侦测脸部或眼睛。

使用的对焦点

虽然 Nikon D780 提供了很多可选择的自动对焦点，但并非拍摄所有题材时都需要使用这么多的对焦点，我们可以根据实际拍摄需要选择可用的自动对焦点数量。设定步骤如右所示。

例如在拍摄人像时，使用少量的对焦点就已经完全可以满足拍摄要求了，同时也可以避免由于对焦点过多而导致手选对焦点时过于复杂的问题。

⚑ 设定步骤

❶ 进入**自定义设定**菜单选择 a **自动对焦**中的 a6 **使用的对焦点**选项

❷ 点击选择**所有对焦点**或**每个其他对焦点**选项

●所有对焦点：选择此选项，在当前自动对焦区域模式下，每个可用的对焦点均可选择。对焦点数量因自动对焦区域模式的不同而异。

●每个其他对焦点：选择此选项，可用对焦点数量将减少至"所有对焦点"选项时的四分之一，可以更快速地选择对焦点。不过此选项的设定，对即时取景拍摄时的"微点 AF"和"宽区域 AF（L）"模式的对焦点数量没有影响。

对焦点循环方式

当使用多重选择器手选对焦点时，可以通过"对焦点循环方式"菜单控制对焦点循环的方式，即可控制当选择最边缘的一个对焦点时，再次按下多重选择器的方向键，对焦点将如何变化。设定步骤如右所示。

● 循环：选择此选项，则选择对焦点时可以从上到下、从下到上、从左到右以及从右到左进行循环。例如取景器右边缘处的对焦点被加亮显示时，按▶方向键可选择取景器左边缘处相应的对焦点。

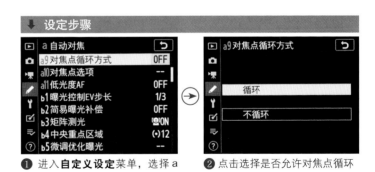

⚑ 设定步骤

❶ 进入**自定义设定**菜单，选择 a **自动对焦**中的 a9 **对焦点循环方式**选项

❷ 点击选择是否允许对焦点循环

● 不循环：选择此选项，当对焦点位于取景器中最外部的对焦点上时，再次按▶方向键，对焦点也不再循环。例如，在选定最右侧的一个对焦点时，即使按▶方向键，对焦点也不会再移动。

在不同的拍摄方向上自动切换对焦点

在切换不同方向拍摄时，常常遇到的一个问题，就是需要使用不同的自动对焦点。在实际拍摄时，如果每次切换拍摄方向时都重新选择对焦框或对焦区域无疑是非常麻烦的，利用"按方向存储对焦点"功能，可以不同方向拍摄时，相机自动切换对焦点的目的。设定步骤如右所示。

● 是：选择此选项，可以为横向、竖向（相机顺时针旋转 90°）、竖向（相机逆时针旋转 90°）拍摄时分别选择不同的对焦点。取景器和

↓ 设定步骤

a 自动对焦
a1 AF-C优先选择
a2 AF-S优先选择
a3 锁定跟踪对焦 AF
a4 3D跟踪脸部侦测 ON
a5 自动区域AF脸/眼睛侦测
a6 使用的对焦点 ALL
a7 按方向存储对焦点 OFF
a8 触发AF ON

❶ 进入**自定义设定**菜单选择 a **自动对焦**中的 a7 **按方向存储对焦点**选项

a7 按方向存储对焦点

是

否

❷ 点击选择**是**或**否**选项

即时取景拍摄时均可选择。

● 否：选择此选项，无论相机如何在横拍与竖拍之间进行切换，都使用相同的对焦点。

▲ 选择"是"选项，相机在逆时针旋转 90° 方向时的对焦点示例。

▲ 选择"是"选项，相机在顺时针旋转 90° 方向时的对焦点示例。

▲ 选择"是"选项，相机在横向方向时的对焦点示例。

▲ 选择"否"选项，相机在逆时针旋转 90° 方向时的对焦点示例。

▲ 选择"否"选项，相机在顺时针旋转 90° 方向时的对焦点示例。

▲ 选择"否"选项，相机在横向方向时的对焦点示例。

手选对焦点

默认情况下，自动对焦点会优先针对较近的对象进行对焦，因此当拍摄对象不是位于前方，或对焦的位置较为复杂时，自动对焦点通常无法满足我们的拍摄需求，此时就可以手动选择一个对焦点，从而进行更为精确的对焦。

在单点自动对焦、动态区域自动对焦、3D 跟踪自动对焦区域模式下，都可以按下机身上的多重选择器，以调整对焦点的位置。在群组区域自动对焦模式下，按此方法则可以选择一组对焦点。

Q：图像模糊、不聚焦或锐度较低应如何处理？

A：出现这些情况时，可以从以下三个方面进行检查。

1. 按下快门按钮时相机是否发生了移动？按下快门按钮时要确保相机稳定，尤其在拍摄夜景或在黑暗的环境中拍摄时，快门速度应高于正常拍摄条件下的快门速度。尽量使用三脚架或遥控器，以确保拍摄时相机保持稳定。

2. 镜头和主体之间的距离是否超出了相机的对焦范围？如果超出了对焦范围，应该调整主体和镜头之间的距离。

3. 取景器的自动对焦点是否覆盖了主体？相机会对焦于取景器中自动对焦点覆盖的主体。如果因为所处位置不当而使自动对焦点无法覆盖主体，可以使用对焦锁定功能。

Nikon D780

▌操作方法

旋转对焦选择器锁定开关至 ● 位置，使用多重选择器即可调整对焦点的位置。选择对焦点后，可以将对焦选择器锁定开关旋转至 L 位置，则可以锁定对焦点，以避免由于手指碰到多重选择器而误改变对焦点的位置。

▼ 采用单点自动对焦区域模式手动选择对焦点拍摄，保证了对心灵的窗口：眼睛进行准确的对焦。『焦距：50mm ┊ 光圈：F2.8 ┊ 快门速度：1/320s ┊ 感光度：ISO100』

手动对焦实现自主对焦控制

如果在摄影中遇到下面的情况，相机的自动对焦系统往往无法准确对焦，此时应该使用手动对焦功能。但由于摄影师的拍摄经验不同，拍摄的成功率也有极大的差别。

- 画面主体处于杂乱的环境中，例如拍摄杂草后面的花朵。
- 画面属于高对比、低反差的画面，例如拍摄日出、日落。
- 在弱光环境下进行拍摄，例如拍摄夜景、星空。
- 距离太近的题材，例如微距昆虫、花卉等。
- 主体被其他景物覆盖，例如拍摄动物园笼子里面的动物、鸟笼中的鸟等。
- 拍摄对比度很低的景物，例如拍摄蓝天、墙壁。
- 距离较近且相似程度又很高的题材，例如旧照片翻拍等。

▶ 操作方法
拨动对焦模式选择器至 M 位置即为手动对焦模式。

▲ 在微距摄影中，为了保证对焦准确，使用手动对焦模式将对焦点安排在蜜蜂的头部，可以确保主体的重要部分都是清晰的，从而使主体显得更加生动。『焦距：105mm ┆ 光圈：F8 ┆ 快门速度：1/320s ┆ 感光度：ISO100』

根据拍摄任务设置快门释放模式

选择快门释放模式

针对不同的拍摄任务，需要将快门设置为不同的释放模式。例如，要抓拍高速移动的物体，为了保证成功率，可以通过设置使相机能够在按下一次快门后，连续拍摄多张照片。

Nikon D780 提供了 7 种快门释放模式，分别是单张拍摄 S、低速连拍 CL、高速连拍 CH、安静快门释放 Q、安静连拍快门释放 Qc自拍🕐以及反光板弹起 Mup，下面分别讲解它们的使用方法。

● 单张拍摄S：每次按下快门即拍摄一张照片，适合拍摄静止的对象，如建筑、山水或动作幅度不大的对象（摆拍的人像、昆虫等）。

● 低速连拍 CL：若按住快门释放按钮不放，相机每秒可拍摄 1 ~ 6 张照片。此连拍数量可以通过修改"自定义设定"菜单中的"d1 CL 模式拍摄速度"数值进行改变。

● 高速连拍 CH：若按住快门释放按钮不放，相机每秒最多可拍摄 7 张照片。

● 安静快门释放 Q：在此模式下，按下快门释放按钮时反光板不会发出"咔嗒"声并退回通常位置，直至松开快门释放按钮后，反光板才会退回原位，从而可控制反光板发出"咔嗒"声的时机，使其比使用单张拍摄模式时更安静。除此之外，其他都与使用单张拍摄模式时相同。

● 安静连拍快门释放 Qc：选择该模式可以关闭蜂鸣音并最小化反光板降回原位时发出的声音，以约 3 张 / 秒连拍速度进行连拍。

● 自拍 🕐：在"自定义设定"菜单中可以修改"自拍"参数，从而获得 2 秒、5 秒、10 秒和 20 秒的自拍延迟时间，特别适合自拍或合

◨ 操作方法

按下释放模式拨盘锁定解除按钮并同时转动释放模式拨盘，使所需的释放模式图标对应白色标志处即可。

影时使用。在最后 2 秒时，相机的指示灯不再闪烁，且蜂鸣音变快。

● 反光板弹起 Mup：选择该模式可在进行远摄或近摄时，或者可能因相机震动而导致照片模糊的其他情形下，将这些因素对拍摄结果的影响降至最小。

▲ 在拍舞蹈动作时，一定要使用高速连拍快门释放模式。

设置 CL 模式拍摄速度

Nikon D780 提供了低速连拍模式，如果要设置此模式下每秒拍摄的照片张数，可以通过"CL模式拍摄速度"菜单来实现，有 1~6fps 共 6 个选项供选择，即每秒分别拍摄 1~6 张照片。设定步骤如右所示。

在即时取景拍摄模式下，不管在此菜单中选择什么选项，最高连拍张数均为 3 张 / 秒。

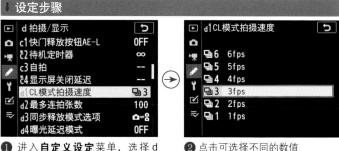

❶ 进入**自定义设定**菜单，选择 d **拍摄 / 显示**中的 d1 CL **模式拍摄速度**选项

❷ 点击可选择不同的数值

设置最多连拍张数

虽然可以使用高速或低速连拍快门释放模式，一次性拍出多张照片，但由于内存缓冲区是有限的，因此连续拍摄时所能拍摄的张数实际上也是有上限的。设定步骤如右所示。

要在相机内定的上限范围内设置一次最多连拍的张数，可以通过"最多连拍张数"菜单来实现。

在连拍模式下，可将一次最多能够连拍的照片张数设为 1 至 100 之间的任一数值。

Q：如何知道连拍操作时内存缓冲区（缓存）最多能够存储多少张照片？

A：数据写入存储卡的速度与拍摄速度并不是一致的，而是先写入缓存，然后再转存至存储卡中，因此，当缓存被占满后，即使按下快门释放按钮，也无法继续拍摄。按下快门释放按钮时，取景器和控制面板的剩余曝光次数显示中将出现当前设定下内存缓冲区可存储的照片数量。

缓存可容纳的照片数量与所设置的影像品质及文件大小有关，品质越高、文件越大，则可容纳的照片数量越少。如果开启了降噪处理或动态 D-Lighting 功能，由于相机需要在缓存中对照片进行处理后才会转存至存储卡中，因此也会降低缓存的容量。

当缓存正在存储数据时，存取指示灯会亮起，直至数据完全保存至存储卡中为止。在此过程中，一定不要取出存储卡或电池，否则可能会造成数据丢失。此时，即使关闭相机电源，相机也会将缓存中的数据处理完后再关闭电源。

❶ 进入**自定义设定**菜单，选择 d **拍摄 / 显示**中的 d2 **最多连拍张数**选项

❷ 点击▲或▼图标可选择不同的数值，然后点击 OK确定 图标确认

设置自拍选项

Nikon D780 提供了较为丰富的自拍控制选项，可以设置拍摄时的延迟时间、自拍的张数、自拍的间隔。

在进行自拍时，可以指定从按下快门按钮起（准备拍摄）至开始曝光（开始拍摄）的延迟时间，其中包括了"2秒""5秒""10秒"和"20秒"4个选项。设定步骤如下所示。利用自拍延时功能，可以为拍摄对象留出足够的时间，以便摆出想要拍摄的造型等。

例如，可以将"拍摄张数"设置为5张，"拍摄间隔"设置为3秒，这样可以一下拍5张照片，由于每两张照片之间有3秒的间隔时间，足以摆出不同的姿势。

设定步骤

❶ 进入**自定义设定**菜单，选择 c **计时/AE锁定**中的 c3 **自拍**选项

❷ 点击选择**自拍延迟**选项

❸ 点击选择不同的自拍延迟时间

❹ 如果在步骤❷中选择**拍摄张数**选项，点击▲和▼图标选择要拍摄的照片数量，然后点击 OK确定 图标确认

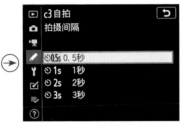
❺ 如果在步骤❷中选择**拍摄间隔**选项，点击▲和▼图标选择拍摄张数超过1张时两次拍摄之间的间隔时间

 高手点拨：要重视"拍摄张数"这个参数，因为在自拍团体照时，通常会出现某些人没有笑容、某些人闭眼睛的情况，将此数值设置得高一些，能够增加后期挑选照片的余地。

◀ 利用"自拍延迟"功能，摄影师可以较从容跑到合影位置并摆好POSE，等待相机完成拍摄，此功能非常适合拍摄合影。『焦距：35mm ┊光圈：F4 ┊快门速度：1/500s ┊感光度：ISO100』

设置测光模式以获得准确曝光

要想准确曝光，前提是必须做到准确测光。根据数码单反相机内置测光表提供的曝光数值进行拍摄，一般都可以获得准确曝光。但有时候也不尽然，例如，在环境光线较为复杂的情况下，数码相机的测光系统不一定能够准确识别，此时仍采用数码相机提供的曝光组合拍摄的话，就会出现曝光失误。在这种情况下，我们应该根据要表达的主题、渲染的气氛进行适当的调整，即按照"拍摄→检查→设置→重新拍摄"的流程进行不断的尝试，直至拍出满意的照片为止。

在使用除手动及 B 门以外的所有曝光模式拍摄时，都需要依据相应的测光模式确定曝光组合。例如，在光圈优先模式下，在指定了光圈及 ISO 感光度数值后，可根据不同的测光模式确定快门速度值，以满足准确曝光的需求。因此，选择一个合适的测光模式，是获得准确曝光的重要前提。

■ 操作方法

按住 ⚙ 按钮并同时旋转主指令拨盘即可选择所需的测光模式。

矩阵测光 ▣

使用矩阵测光模式测光时，Nikon D780 相机不仅仅只针对亮度、对比度进行测量，同时还把色彩以及与拍摄对象之间的距离等因素也考虑在内，然后调用内置数据库资料进行智能化的场景分析，以保证得到最佳的测光结果。

在主体和背景明暗反差不大时，使用矩阵测光模式一般可以获得准确曝光，此模式最适合拍摄日常及风光题材的照片。

▼ 画面中的光线属于顺光，大部分景物都处于光照下，整个场景的光线比较均匀，选择矩阵测光模式能使画面获得准确的曝光。『焦距：18mm ┊ 光圈：F10 ┊ 快门速度：1/400s ┊ 感光度：ISO100』

中央重点测光模式◉

在此测光模式下，虽然相机对整个画面进行测光，但将较大权重分配给位于画面中央且直径为 12mm 的圆形区域（此圆直径可以更改为 8mm、15mm 或 20mm）。例如，当 Nikon D780 在测光后认为，画面中央位置的对象合适的曝光组合是 F8、1/320s，而其他区域正确的曝光组合是 F4、1/200s，由于位于中央位置对象的测光权重较大，因此最终相机确定的曝光组合可能会是 F5.6、1/320s，以优先照顾位于画面中央位置对象的曝光。

由于测光时能够兼顾其他区域的亮度，因此该模式既能实现画面中央区域的精准曝光，又能保留部分背景的细节。这种测光模式适合拍摄主体位于画面中央的场景，如人像、建筑物等。

▶ 人物处于画面的中心位置，使用中央重点测光可以使主体测光更准确，人物面部的皮肤显得更加白皙。『焦距：50mm ┊ 光圈：F2.8 ┊ 快门速度：1/320s ┊ 感光度：ISO200』

亮部重点测光模式

在亮部重点测光模式下，相机将针对亮部重点测光，优先保证被摄对象的亮部曝光是正确的，在拍摄如舞台上聚光灯下的演员、直射光线下浅色的对象时，使用此测光模式能够获得很好的曝光效果。

▶ 在拍摄 T 台走秀的照片时，使用亮部重点测光模式可以保证明亮的部分有丰富的细节。『焦距：28mm ┊ 光圈：F3.5 ┊ 快门速度：1/125s ┊ 感光度：ISO500』

点测光模式⊡

点测光是一种高级测光模式，相机只对画面中央区域的很小部分（也就是光学取景器中央对焦点周围约 1.5% 的小区域，即直径大约为 4mm 的圆）进行测光，因此具有相当高的准确性。当主体和背景的亮度差异较大时，最适合使用点测光模式进行拍摄。

由于点测光的测光面积非常小，在实际使用时，一定要准确地将测光点（即对焦点）对准在要测光的对象上。这种测光模式是拍摄剪影照片的最佳测光模式。

此外，在拍摄人像时也常采用这种测光模式，将测光点对准在人物的面部或其他皮肤位置，即可使人物的皮肤获得准确曝光。

▲ 使用点测光模式针对天空进行测光，导致树木因曝光不足而呈剪影效果，在暖色的天空的衬托下，显得更加简洁。『焦距：70mm｜光圈：F16｜快门速度：1/1000s｜感光度：ISO100』

改变中央重点测光区域大小

在使用中央重点测光模式测光时，重点测光区域圆的直径是可以修改的，从而改变测光面积。

可以通过"自定义设定"菜单中的"b4 中央重点区域"选项来设置中央重点测光区域的大小，可以将该测光区域圆的直径设为"φ8mm""φ12mm""φ15mm""φ20mm""全画面平均"。设定步骤如右所示。

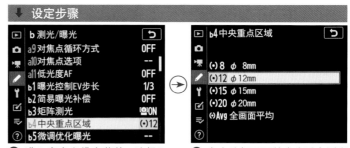

❶ 进入**自定义设定**菜单，选择 b**测光 / 曝光**中的 b4 **中央重点区域**选项

❷ 点击选择不同的中央重点测光区域的大小

 高手点拨：当使用非CPU镜头或AF-S 8-15mm F3.5-4.5E ED鱼眼镜头时，中央重点测光模式将固定使用取景器中央直径为12mm的圆形区域作为测光依据。

Q：什么是 CPU 镜头？

A：CPU 镜头是指带有集成电路芯片的镜头，这类镜头能够通过触点与机身交流信息，绝大部分 CPU 镜头都具有比较先进的自动测光和对焦性能。

使用矩阵测光时侦测脸部

在使用矩阵测光模式拍摄人像题材时，可以通过"b3 矩阵测光"菜单，设置是否启用脸部侦测功能。设定步骤如右所示。

如果选择了"脸部侦测开启"选项，那么在拍摄时，相机会优先对画面中的人物面部进行测光，然后再根据所测得数据为依据，再平衡画面的整体测光情况。

❶ 进入**自定义设定**菜单，点击选择 b **测光 / 曝光**中的 b3 **矩阵测光**选项

❷ 点击选择**脸部侦测开启**或**脸部侦测关闭**选项

微调优化曝光

在追求个性化的今天，有一些摄影师特别偏爱过曝或欠曝的照片，在他们的作品中几乎看不到正常曝光的画面。在 Nikon D780 中，可利用"微调优化曝光"菜单设置针对每一张照片都增加或减少的曝光补偿值。例如，可以设置拍摄过程中只要相机使用了 3D 彩色矩阵测光III模式，则每张照片均在正常测光值的基础上再增加一定数值的正向曝光补偿。设定步骤如下所示。

该菜单包含"矩阵测光""中央重点测光""点测光""亮部重点测光"4 个选项。对于每种测光模式，均可在 -1EV~ +1EV 之间以 1/6EV 步长为单位进行微调。

❶ 进入**自定义设定**菜单，选择 b **测光 / 曝光**中的 b5 **微调优化曝光**选项

❷ 在 4 种测光模式中选择一种进行微调

❸ 点击▲和▼图标可以以 1/6 步长为单位选择不同的数值，然后点击 **OK确定**图标确认

高手点拨：可以根据自己的喜好来修改不同测光模式下需要增加或减少的曝光量。例如，在使用矩阵测光模式拍摄风光时，为了获得较浓郁的画面色彩，并在一定程度上避免曝光过度，通常会在正常测光值的基础上降低0.3~0.7挡曝光补偿，此时可以使用此功能进行永久性的设置，而不用每次使用该测光模式时都要重新设置曝光补偿。

第 4 章 活用曝光模式拍出好照片

全自动模式 📷 AUTO

　　全自动模式也叫"傻瓜拍摄模式"，从提高摄影水平的角度看，可以说是毫无用处的模式，仅限于记录一些简单画面而已。

适合拍摄	所有拍摄场景
优　　点	曝光和其他相关参数由相机按预定程序自主控制，可以快速进入拍摄状态，操作简单，在多数拍摄条件下都能拍出有一定水准的照片，可满足家庭用户日常拍摄需求，尤其适合抓拍突发事件。闪光灯将在光线不足的情况下自动被开启
特别注意	用户可调整的空间很小，对提高摄影水平帮助不大

▲ 画面光线均匀的情况下，用自动模式也能拍出不错的画面。『焦距：50mm ┊ 光圈：F8 ┊ 快门速度：1/250s ┊ 感光度：ISO200』

特殊效果模式

特效效果模式是尼康中端相机特有的拍摄模式，使用这种拍摄模式拍摄时，拍出的照片具有类似于经过数码后期处理而得到的特效效果。根据选择的选项不同，可得到夜视、玩具照相机效果、剪影、高色调、低色调等效果的照片。

夜视

夜视模式适合在黑暗环境中以高 ISO 感光度记录单色图像（图像中将带有一些噪点，如不规则间距明亮像素、雾像或条纹）。

如果拍摄时相机无法实现自动对焦，可使用手动对焦模式进行手动对焦。由于曝光时间较长，因此推荐使用三脚架以避免画面模糊。

特别鲜艳 VI

特别鲜艳效果模式是通过增加画面的整体饱和度和对比度以获取更加鲜艳悦目的图像，适合拍摄花卉、风光。

▶ 操作方法

按住模式拨盘锁定解除按钮并同时转动模式拨盘，使 EFCT 图标对应右侧的白色标志线，即为特殊效果模式，在此模式下，转动主指令拨盘则可以选择不同的特殊效果模式。

照片说明

照片说明效果模式是通过锐化轮廓并简化色彩以获取可在实时取景中进行调整的海报效果。在该模式下拍摄的照片在播放时如同由一系列静止照片组成的幻灯片。

流行 POP

流行效果模式是通过增加整体饱和度以获取更加栩栩如生的图像。适合拍摄美食、静物和人像。

玩具照相机效果 TOY

使用此模式拍摄时，能够创建四角暗淡且色彩鲜明的玩具相机照片效果。

模型效果

使用此模式拍摄时，可使远距离的拍摄对象呈现出模型效果。

可选颜色

使用此模式拍摄时，可以将拥有想强调的颜色之外的图像以黑白形式表现出来，最多可选择3种颜色。

剪影

使用此模式拍摄时，可将明亮背景下的拍摄对象表现为剪影轮廓效果。

高色调 Hi

使用此模式拍摄时，可将明亮光线下的场景表现为色彩明快的高调。

低色调 Lo

使用此模式拍摄时，可将暗淡光线下的场景表现为色彩低沉的暗调。

灵活使用高级曝光模式

Nikon D780 为希望自主控制画面效果的摄影师提供了程序自动、光圈优先、快门优先以及全手动 4 种高级曝光模式，灵活地运用这 4 种高级曝光模式，几乎能够拍摄所有的常见题材。

程序自动模式（P）

程序自动模式在 Nikon D780 的控制面板及显示屏上显示为 "P"。

使用这种曝光模式拍摄时，光圈和快门速度由相机自动控制，相机会自动给出不同的曝光组合，此时转动主指令拨盘可以在相机给出的曝光组合中进行自由选择。除此之外，白平衡、ISO 感光度、曝光补偿等参数也可以人为进行手动控制。

通过对这些参数进行不同的设置，拍摄者可以得到不同效果的照片，而且不用自己去考虑光圈和快门速度的数值就能够获得较为准确的曝光。程序自动模式常用于拍摄新闻、日常生活等需要抓拍的题材。

在实际拍摄时，向右旋转主指令拨盘可获得模糊背景细节的大光圈（低 F 值）或"锁定"动作的高速快门曝光组合；向左旋转主指令拨盘可获得增加景深的小光圈（高 F 值）或模糊动作的低速快门曝光组合。此时在相机控制面板的左上角会显示 图标。

▶ 操作方法

按住模式拨盘锁定解除按钮并同时转动模式拨盘，使 P 图标对应右侧的白色标志线，即为程序自动曝光模式。在 P 模式下，曝光测光开启时，通过旋转主指令拨盘可选择快门速度和光圈的不同组合。

Q：什么是等效曝光？

A：下面我们通过一个拍摄案例来说明这个概念。例如，摄影师在使用 P 挡程序自动模式拍摄一张人像照片时，相机给出的快门速度为 1/60s、光圈为 F8，但摄影师希望采用更大的光圈，以便提高快门速度。此时就可以向右转动主指令拨盘，将光圈增加至 F4，即将光圈调大 2 挡，而在 P 挡程序自动模式下就能够使快门速度也提高 2 挡，从而达到 1/250s。1/60s、F8 与 1/250s、F4 这两组快门速度与光圈组合虽然不同，但可以得到完全相同的曝光效果，这就是等效曝光。

🔘 **高手点拨**：相机自动选择的曝光设置未必是最佳组合。例如，摄影师可能认为按此快门速度手持拍摄不够稳定，或者希望用更大的光圈。此时，可以利用 Nikon D780 的柔性程序，即在 P 模式下，在保持测定的曝光值不变的情况下，可通过转动主指令拨盘来改变光圈和快门速度组合（即等效曝光）。

快门优先模式（ S ）

在快门优先模式下，用户可以转动主指令拨盘从 1/8000~30s 之间选择所需快门速度，然后相机会自动计算光圈的大小，以获得正确的曝光。

在拍摄时，快门速度需要根据被摄对象的运动速度及照片的表现形式（即凝固瞬间的清晰还是带有动感的模糊）来确定。要定格运动对象的瞬间，应该用高速快门；反之，如果希望使运动对象在画面中表现为模糊的线条，应该使用低速快门。

▶ 操作方法

按住模式拨盘锁定解除按钮并同时转动模式拨盘，使 S 图标对应右侧的白色标志线处，即为快门优先曝光模式。在 S 模式下，可通过旋转主指令拨盘调整快门速度值。

▼ 使用不同的快门速度拍摄海边的浪花，获得了不同的效果。

焦距：200mm｜光圈：F9｜快门速度：1/800s｜感光度：ISO200

焦距：17mm｜光圈：F10｜快门速度：1s｜感光度：ISO50

光圈优先模式（ A ）

使用光圈优先模式拍摄时，摄影师可以旋转副指令拨盘从镜头的最小光圈到最大光圈之间选择所需光圈，相机会根据当前设置的光圈大小自动计算出合适的快门速度值。

光圈优先是摄影中使用最多的一种拍摄模式，在 Nikon D780 的控制面板及显示屏上显示为 "A"。使用该模式拍摄的最大优势是可以控制画面的景深。为了获得更准确的曝光效果，经常和曝光补偿配合使用。

▶ 操作方法

按住模式拨盘锁定解除按钮并同时转动模式拨盘，使 A 图标对应右侧的白色标志线，即为光圈优先曝光模式。在 A 挡模式下，可通过旋转副指令拨盘调整光圈值。

 高手点拨：使用光圈优先模式拍摄照片时，可以使用以下两个技巧：1 当光圈过大而导致快门速度超出了相机极限时，如果仍然希望保持该光圈，可以尝试降低ISO感光度的数值，或使用中灰滤镜降低光线的进入量，以保证曝光准确；2 为了得到大景深而使用小光圈时，应该注意快门速度不能低于安全快门速度。

全手动模式（M）

在全手动曝光模式下，所有拍摄参数都需要摄影师手动进行设置，使用此模式拍摄有以下优点。

首先，使用 M 挡全手动曝光模式拍摄时，当摄影师设置好恰当的光圈、快门速度数值后，即使移动镜头再次进行构图，光圈与快门速度的数值也不会发生变化。

其次，使用其他曝光模式拍摄时，往往需要根据场景的亮度，在测光后进行曝光补偿；而在 M 挡全手动曝光模式下，由于光圈与快门速度的数值都是由摄影师设定的，在设定的同时就可以将曝光补偿考虑在内，从而省略了曝光补偿的设置过程。因此，在全手动曝光模式下，摄影师可以按自己的想法让影像曝光不足，以使照片显得较暗，给人忧伤的感觉；或者让影像稍微过曝，拍摄出明快的照片。

另外，当在摄影棚拍摄并使用频闪灯或外置非专用闪光灯时，由于无法使用相机的测光系统，而需要使用测光表或通过手动计算来确定正确的曝光值，此时就需要手动设置光圈和快门速度，从而实现正确的曝光。

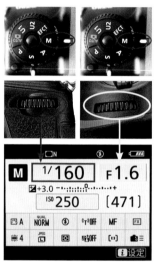

▶ 操作方法

按住模式拨盘锁定解除按钮并同时转动模式拨盘，使 M 图标对应右侧的白色标志线处，即为全手动曝光模式。在 M 模式下，旋转主指令拨盘可调整快门速度值；旋转副指令拨盘可调整光圈值。

◀ 在影棚内拍摄时，由于光线、背景不变，所以使用 M 挡全手动模式并设置好曝光参数后，就可以把注意力集中在模特的动作和表情上，拍摄将变得更加轻松、自如。『焦距：35mm ┆ 光圈：F7.1 ┆ 快门速度：1/250s ┆ 感光度：ISO100』

使用 M 挡全手动模式拍摄时，控制面板和取景器中的电子模拟曝光显示可反映出照片在当前设定下的曝光情况。根据在"自定义设定"菜单中选择的" b1 曝光控制 EV 步长"选项的不同，曝光不足或曝光过度的量将以 1/3EV、1/2EV 步长进行显示。如果超过曝光测光系统的限制，该显示将会闪烁。

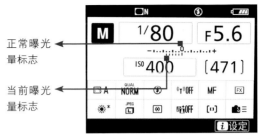

正常曝光量标志

当前曝光量标志

▲ 在改变光圈或快门速度时，当前曝光量标志会左右移动，当其位于标准曝光量标志的位置时，就能获得相对准确的曝光。

 **高手点拨**：为了避免出现曝光不足或曝光过度的问题，Nikon D780相机提供了提醒功能，即在曝光不足或曝光过度时，可以在取景器或显示屏中显示曝光提示。

将"曝光控制 EV 步长"设为 1/3 步长时电子模拟曝光显示		
最佳曝光	1/3EV曝光不足	3EV以上曝光过度
控制面板		
− ·····°····· +	− ·····°····· +	− ·····°······▶ +
取景器		
−. . ° . .+	−. ° . .+	−. . ° ·····▶+

▲ 使用 M 挡全手动模式拍摄的风景照片，拍摄时不用考虑曝光补偿，也不用考虑曝光锁定，让电子模拟曝光显示中的光标对准"0"位置，就能获得准确曝光。『焦距：19mm ┆光圈：F22 ┆快门速度：4s ┆感光度：ISO50』

B门模式

使用B门模式拍摄时，持续地完全按下快门按钮将使快门一直处于打开状态，直到松开快门按钮时快门被关闭，即完成整个曝光过程，因此曝光时间取决于快门按钮被按下与被释放的过程。设定步骤如右下方所示。

由于使用这种曝光模式拍摄时，可以持续地长时间曝光，因此特别适合拍摄光绘、天体、焰火等需要长时间曝光并手动控制曝光时间的题材。

需要注意的是，使用B门模式拍摄时，为了避免所拍摄的照片模糊，应该使用三脚架及遥控快门线辅助拍摄，若不具备条件，至少也要将相机放置在平稳的水平面上。

 高手点拨：在使用B门模式且未使用遥控器拍摄时，在"自定义设定"菜单中将"d4 曝光延迟模式"设置为"2秒"，这样会使摄影师在按下快门释放按钮且相机升起反光板后，延迟快门释放约2秒，以避免因为按下快门按钮使机身抖动而导致照片模糊。

▲ 使用B门模式拍摄夜幕下的建筑，由于光圈较小，灯光被拍摄成璀璨的星芒，车尾灯也被拍摄成车轨效果。『焦距：35mm ┊ 光圈：F20 ┊ 快门速度：20s ┊ 感光度：ISO100』

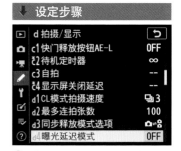

▶ 操作方法

在 M 挡全手动曝光模式下，通过旋转主指令拨盘将快门速度调至 Bulb，即可切换至 B 门模式。

⬇ 设定步骤

❶ 进入**自定义设定**菜单，选择**d 拍摄 / 显示**中的 **d4 曝光延迟模式**选项

❷ 点击可选择不同的曝光延迟时间或关闭曝光延迟模式

第 5 章 拍出佳片必须
掌握的高级曝光技巧

通过直方图判断曝光是否准确

直方图的作用

　　直方图是相机曝光所捕获的影像色彩或影调的信息，是一种反映照片曝光情况的图示。

　　通过查看直方图所呈现的效果，可以帮助拍摄者判断曝光情况，并以此做出相应调整，以得到最佳曝光效果。另外，在即时取景模式下拍摄时，通过直方图可以检测画面的成像效果，给拍摄者提供重要的曝光信息。

　　很多摄影爱好者都会陷入这样一个误区，看到显示屏上的影像很棒，便以为真正的曝光效果也会不错，但事实并非如此。

　　这是由于很多相机的显示屏还处于出厂时的默认状态，显示屏的对比度和亮度都比较高，令摄影师误以为拍摄到的影像很漂亮，倘若不看直方图，往往会感觉照片曝光正合适，但在电脑屏幕上观看时，却发现拍摄时感觉还不错的照片，暗部层次却丢失了，即使是使用后期处理软件挽回部分细节，效果也不是太好。

　　因此在拍摄时要随时查看照片的直方图，这是唯一值得信赖的判断曝光是否正确的依据。

▲ 拍摄偏高调的照片时，利用直方图能够准确判断画面是否过曝。『焦距：200mm 光圈：F14 快门速度：1/400s 感光度：ISO100』

▶ 操作方法
　　在机身上按▶按钮播放照片，按▼或▲方向键切换到概览数据或 RGB 直方图界面。

利用直方图分区判断曝光情况

下面这张图标示出了直方图的每个分区和图像亮度之间的关系，像素堆积在直方图左侧或者右侧的边缘则意味着部分图像是超出直方图范围的。其中右侧边缘出现黑色线条表示照片中有部分像素曝光过度，摄影师需要根据情况调整曝光参数，以避免照片中出现大面积曝光过度的区域。如果第8分区或者更高的分区有大量黑色线条，代表图像有部分较亮的高光区域，而且这些区域是有细节的。

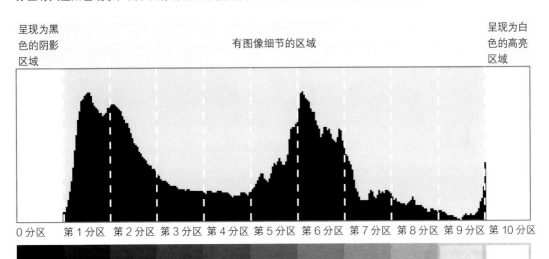

▲ 数码相机的区域系统

分区序号	说明	分区序号	说明
0分区	黑色	第6分区	色调较亮、色彩柔和
第1分区	接近黑色	第7分区	明亮、有质感，但是色彩有些苍白
第2分区	有些许细节	第8分区	有少许细节，但基本上呈模糊苍白的状态
第3分区	灰暗、细节呈现效果不错，但是色彩比较模糊	第9分区	接近白色
第4分区	色调和色彩都比较暗	第10分区	纯白色
第5分区	中间色调、中间色彩		

▲ 直方图分区说明表

要注意的是，0分区和第10分区分别指黑色和白色，虽然在直方图中的区域大小与第1~9区相同，但实际上它只是代表直方图的最左边（黑色）和最右边（白色），没有限定的边界。

认识 3 种典型的直方图

直方图的横轴表示亮度等级（从左至右对应从黑到白），纵轴表示图像中各种亮度像素数量的多少，峰值越高，则表示这个亮度的像素数量越多。

所以，拍摄者可通过观看直方图的显示状态来判断照片的曝光情况，若出现曝光不足或曝光过度，调整曝光参数后再进行拍摄，即可获得一张曝光准确的照片。

曝光过度的直方图

当照片曝光过度时，画面中会出现大片白色的区域，很多细节都丢失了，反映在直方图上就是像素主要集中于横轴的右端（最亮处），并出现像素溢出现象，即高光溢出，而左侧较暗的区域则无像素分布，故该照片在后期无法补救。如右上图所示。

曝光准确的直方图

当照片曝光准确时，画面的影调较为均匀，且高光、暗部和阴影处均无细节丢失，反映在直方图上就是在整个横轴上从左端（最暗处）到右端（最亮处）都有像素分布，后期可调整的余地较大。如右中图所示。

曝光不足的直方图

当照片曝光不足时，画面中会出现无细节的黑色区域，丢失了过多的暗部细节，反映在直方图上就是像素主要集中于横轴的左端（最暗处），并出现像素溢出现象，即暗部溢出，而右侧较亮区域少有像素分布，故该照片在后期也无法补救。如右下图所示。

▲ 曝光过度

▲ 曝光准确

▲ 曝光不足

辩证地分析直方图

在使用直方图判断照片的曝光情况时，不能生搬硬套前面所讲述的理论，因为高调或低调照片的直方图看上去与曝光过度或曝光不足的直方图很像，但照片并非曝光过度或曝光不足，这一点从右边及下面展示的两张照片及其相应的直方图中就可以看出来。

因此，检查直方图后，要视具体拍摄题材和所想要表现的画面效果，灵活调整曝光参数。

▲ 直方图中的线条主要分布在右侧，但这幅作品是典型的高调人像照片，所以应与曝光过度照片的直方图区别看待。『焦距：50mm ┊光圈：F3.5 ┊快门速度：1/1000s ┊感光度：ISO200』

▲ 这是一幅典型的低调效果照片，画面中暗调面积较大，直方图中的线条主要分布在左侧，但这是摄影师刻意追求的效果，与曝光不足有本质上的不同。『焦距：35mm ┊光圈：F9 ┊快门速度：10s ┊感光度：ISO100』

设置曝光补偿让曝光更准确

曝光补偿的含义

相机的测光是基于 18% 中性灰建立的。由于单反相机的测光主要是由景物的平均反光率确定的，而除了反光率比较高的场景（如雪景、云景）及反光率比较低的场景（如煤矿、夜景），其他大部分场景的平均反光率都在 18% 左右，这一数值正是灰度为 18% 物体的反光率。因此，可以简单地将相机的测光原理理解为：当所拍摄场景中被摄物体的反光率接近 18% 时，相机就会做出正确的测光。

所以，在拍摄一些极端环境，如较亮的白雪场景或较暗的弱光环境时，相机的测光结果就是错误的，此时就需要摄影师通过调整曝光补偿来得到想要的拍摄结果，如下图所示。

通过调整曝光补偿数值，可以改变照片的曝光效果，从而使拍摄出来的照片传达出摄影师的表现意图。例如，通过增加曝光补偿，使照片轻微曝光过度以得到柔和的色彩与浅淡的阴影，赋予照片轻快、明亮的效果；或者通过减少曝光补偿，使照片变得阴暗。

在拍摄时，是否能够主动运用曝光补偿技术，是判断一位摄影师是否真正理解摄影的光影奥秘的依据之一。

曝光补偿通常用类似"±nEV"的方式来表示。"EV"是指曝光值，"+1EV"是指在自动曝光的基础上增加 1 挡曝光；"−1EV"是指在自动曝光的基础上减少 1 挡曝光，以此类推。Nikon D780 的曝光补偿范围为 −5.0~+5.0EV，可以以 1/3EV 或 1/2EV 为单位对曝光进行调整。

▶ 操作方法
按住 ☒ 按钮并同时转动主指令拨盘即可在控制面板上调整曝光补偿数值。

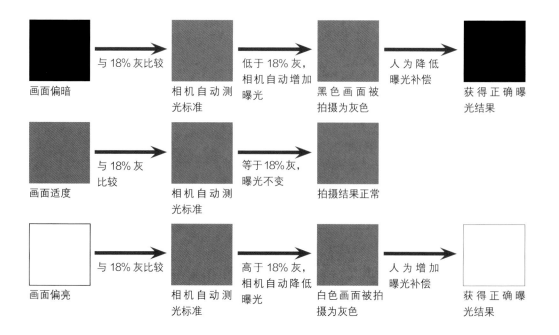

画面偏暗 → 与 18% 灰比较 → 相机自动测光标准 → 低于 18% 灰，相机自动增加曝光 → 黑色画面被拍摄为灰色 → 人为降低曝光补偿 → 获得正确曝光结果

画面适度 → 与 18% 灰比较 → 相机自动测光标准 → 等于 18% 灰，曝光不变 → 拍摄结果正常

画面偏亮 → 与 18% 灰比较 → 相机自动测光标准 → 高于 18% 灰，相机自动降低曝光 → 白色画面被拍摄为灰色 → 人为增加曝光补偿 → 获得正确曝光结果

增加曝光补偿还原白色雪景

很多摄影初学者在拍摄雪景时，往往会把白色拍摄成灰色，主要原因就是在拍摄时没有设置曝光补偿。

由于雪对光线的反射十分强烈，因此会导致相机的测光结果出现较大的偏差。而如果能在拍摄前增加一挡左右的曝光补偿（具体曝光补偿的数值要视雪景的面积而定，雪景面积越大，曝光补偿的数值也应越大），就可以拍摄出美丽洁白的雪景。

▲ 在拍摄时增加 1 挡曝光补偿，使雪的颜色显得洁白无瑕。『焦距：20mm ┊ 光圈：F11 ┊ 快门速度：1/200s ┊ 感光度：ISO200』

降低曝光补偿还原纯黑

当拍摄主体位于黑色背景前时，按相机默认的测光结果拍摄，黑色的背景往往会显得有些灰旧。为了得到纯黑的背景，需要使用曝光补偿功能来适当降低曝光量，以此来得到想要的效果（具体曝光补偿的数值要视暗调背景的面积而定，面积越大，曝光补偿的数值也应越大）。

在拍摄时减少了 0.3 挡曝光补偿，从而获得了纯色的背景，使花朵在画面中显得特别突出。『焦距：200mm ┊ 光圈：F5.6 ┊ 快门速度：1/160s ┊ 感光度：ISO100』

正确理解曝光补偿

　　许多摄影初学者在刚接触曝光补偿时，以为使用曝光补偿就可以在曝光参数不变的情况下，提亮或加暗画面，这个想法是错误的。

　　实际上，曝光补偿是通过改变光圈或快门速度来提亮或加暗画面的，即在光圈优先曝光模式下，如果想要增加曝光补偿，相机实际上是通过降低快门速度来实现的；减少曝光补偿，则是通过提高快

门速度来实现。在快门优先曝光模式下，如果想要增加曝光补偿，相机实际上是通过增大光圈来实现的（当光圈达到镜头所标示的最大光圈时，曝光补偿就不再起作用）；减少曝光补偿，则是通过缩小光圈来实现。

　　下面通过展示两组照片及其拍摄参数来佐证这一点。

▲ 焦距：50mm 光圈：F3.2 快门速度：1/8s 感光度：ISO100 曝光补偿：-0.3

▲ 焦距：50mm 光圈：F3.2 快门速度：1/6s 感光度：ISO100 曝光补偿：0

▲ 焦距：50mm 光圈：F3.2 快门速度：1/4s 感光度：ISO100 曝光补偿：+0.3

▲ 焦距：50mm 光圈：F3.2 快门速度：1/2s 感光度：ISO100 曝光补偿：+0.7

　　从上面展示的 4 张照片可以看出，在光圈优先曝光模式下，调整曝光补偿实际上是改变了快门速度。

▲ 焦距：50mm 光圈：F4 快门速度：1/4s 感光度：ISO100 曝光补偿：-0.3

▲ 焦距：50mm 光圈：F3.5 快门速度：1/4s 感光度：ISO100 曝光补偿：0

▲ 焦距：50mm 光圈：F3.2 快门速度：1/4s 感光度：ISO100 曝光补偿：+0.3

▲ 焦距：50mm 光圈：F2.5 快门速度：1/4s 感光度：ISO100 曝光补偿：+0.7

　　从上面展示的 4 张照片可以看出，在快门优先曝光模式下，调整曝光补偿实际上是改变了光圈大小。

Nikon D780

　　Q：为什么有时即使不断增加曝光补偿，拍摄出来的画面仍然没有变化？

　　A：发生这种情况，通常是由于曝光组合中的光圈值已经达到了镜头的最大光圈限制。

设置包围曝光

包围曝光是一种安全的曝光方法，因为使用这种曝光方法一次能够拍摄出三张不同曝光量的照片，实际上就是多拍精选，如果自身技术水平有限、拍摄的场景光线复杂且要求一定的拍摄成功率，建议使用这种曝光方法。

包围曝光功能及设置

默认情况下，使用包围曝光可以（按3次快门或使用连拍功能）拍摄3张照片，得到增加曝光量、正常曝光量和减少曝光量3种不同曝光效果的照片。

如果将包围曝光设置为 –3F，就可以得到1张曝光正常和两张曝光不足的照片；如果设置为 +2F，则可以得到1张曝光正常和1张曝光过度的照片；如

果设置为 –2F，则可以得到1张曝光正常和1张曝光不足的照片。

如果要取消包围曝光，转动主指令拨盘将拍摄张数设置为0即可。

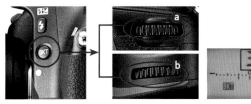

▶ 操作方法

按住 BKT 按钮，转动主指令拨盘可以调整拍摄的张数（a）；转动副指令拨盘可以调整包围曝光的范围（b）。

为合成 HDR 照片拍摄素材

对于风光、建筑等题材而言，可以使用包围曝光功能拍摄出不同曝光结果的照片，并进行后期的 HDR 合成，从而得到高光、中间调及暗调都具有丰富细节的照片。

-1.00 EV

+0.00 EV

+1.00 EV

高手点拨：在风光摄影中，可以使用这种方法先获得不同区域准确曝光的照片，然后在后期处理软件中进行HDR合成，最后可以得到高光、中间调及暗调细节都丰富的照片。

使用 Camera Raw 合成 HDR 照片

在本例中，由于环境的光比较大，因此拍摄了 4 张不同曝光的 RAW 格式照片，以分别显示出高光、中间调及暗部的细节，这是合成 HDR 照片的必要前提，它们的质量会对合成结果产生很大的影响，而且 RAW 格式的照片本身具有极高的宽容度，能够合成出更好的 HDR 效果，只需要按照下述步骤在 Adobe Camera RAW 中进行合成并调整即可。

❶ 在 Photoshop 中打开要合成 HDR 的 4 幅照片，并启动 Camera Raw 软件。

❷ 在左侧列表中选中任意一张照片，按【Ctrl+A】组合键选中所有的照片。按【Alt+M】组合键，或单击列表右上角的菜单按钮 ≡，在弹出的菜单中选择"合并到 HDR"选项。

❸ 在经过一定的处理过程后，将显示"HDR 合并预览"对话框，通常情况下，以默认参数进行处理即可。

❹ 单击"合并"按钮，在弹出的对话框中选择文件保存的位置，并以默认的 DNG 格式进行保存，保存后的文件会与之前的素材在一起，显示在左侧的列表中。

❺ 至此，HDR 照片的合成就已经完成，摄影师可根据需要，在其中适当调整曝光及色彩等属性，直至满意为止。

▲ 选择"合并到 HDR"选项

▲ "HDR 合并预览"对话框

 高手点拨：虽然 Nikon D780 具有在机身内部直接合成 HDR 照片的功能，但与专业的图像处理软件相比，该功能的效果仍显得过于粗糙，因此，如果希望合成出效果更优秀的 HDR 照片，专业的图像处理软件仍然是首选。

自动包围设定

使用 Nikon D780 不仅可以实现曝光包围，还可以实现白平衡包围、闪光包围、动态 D-Lighting 包围，这些包围功能可以极大地提高拍摄的成功率，而这些包围功能可以通过"自动包围设定"菜单来控制。默认情况下，选择各选项时可以分别拍摄 3 张带有不同曝光偏移量的照片。设定步骤如下所示。

以最常用的自动曝光包围为例，当将其参数数值设置为 ±1 时，即分别拍摄减少一挡曝光、正常曝光和增加一挡曝光的 3 张照片。

⬇ 设定步骤

❶ 在**照片拍摄**菜单中点击选择**自动包围**选项

❷ 点击选择**自动包围设定**选项

❸ 点击选择所需的自动包围方式

设置包围曝光顺序

"包围曝光顺序"菜单用于设置自动包围曝光时曝光的顺序。选择一种顺序之后，拍摄时将按照这一顺序进行拍摄。在实际拍摄中，更改包围曝光顺序并不会对拍摄结果产生影响，用户可以根据自己的习惯进行调整。设定步骤如右所示。

该设定对动态 D-Lighting 包围没有影响。

⬇ 设定步骤

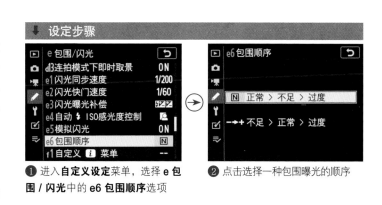

❶ 进入**自定义设定**菜单，选择 **e 包围 / 闪光**中的 **e6 包围顺序**选项

❷ 点击选择一种包围曝光的顺序

高手点拨：如何设定包围曝光顺序取决于个人习惯，为了避免曝光的跳跃性影响摄影师对包围曝光级数的判断，建议选择"不足>正常>过度"。

● 正常 > 不足 > 过度：选择此选项，相机会按照第一张标准曝光量、第二张减少曝光量、第三张增加曝光量的顺序进行拍摄。

● 不足 > 正常 > 过度：选择此选项，相机会按照第一张减少曝光量、第二张标准曝光量、第三张增加曝光量的顺序进行拍摄。

利用曝光锁定功能锁定曝光值

利用曝光锁定功能可以在测光期间锁定曝光值。此功能的作用是，允许摄影师针对某一个特定区域进行对焦，而对另一个区域进行测光，从而拍摄出曝光正常的照片。

Nikon D780 的曝光锁定按钮在机身上显示为 AE-L/AF-L。使用曝光锁定功能的方便之处在于，即使我们松开半按快门的手，重新进行对焦、构图，只要一直按住曝光锁定按钮，那么相机还是会以刚才锁定的曝光参数进行曝光。

▶ 操作方法

按相机背面的 AE-L/AF-L 按钮即可锁定曝光。

进行曝光锁定的操作方法如下：

❶ 对准选定区域进行测光，如果该区域在画面中所占比例很小，则应靠近被摄物体，使其充满取景器的中央区域。

❷ 半按快门，此时在取景器中会显示一组光圈和快门速度组合数据。

❸ 释放快门，按曝光锁定按钮 AE-L/AF-L，相机会记住刚刚得到的曝光值。

❹ 重新对景物进行构图、对焦，完全按下快门即可完成拍摄。

在默认设置下，只有保持按住 AE-L/AF-L 按钮才锁定曝光，在重新构图时有时候不方便，此时可以在"f3 自定义控制"菜单中，将"自动曝光锁按钮"的功能指定为"AE 锁定（保持）"选项，这样就可以按一下 AE-L/AF-L 按钮锁定曝光，当再次按一下 AE-L/AF-L 按钮时即解除锁定曝光，摄影师可以更灵活、方便地改变焦距构图或切换对焦点的位置。

▲ 蜘蛛的体积很小，很难对其精确测光，因此使用 18% 的灰板进行测光后将曝光值锁定再拍摄，得到曝光合适的画面。『焦距：105mm ┊光圈：F8 ┊快门速度：1/200s ┊感光度：ISO100』

 高手点拨： 当拍摄环境非常复杂或主体较小时，也可以使用曝光锁定并配合代测法来保证主体的正常曝光。方法是将相机对准相同光照条件下的代测物体进行测光，如人的面部、反光率为18%的灰板、人的手背等，然后将曝光值锁定，再进行重新构图和拍摄。

利用多重曝光获得蒙太奇画面

利用 Nikon D780 的 "多重曝光" 功能，可以进行 2~10 张照片的融合，即分别拍摄 2~10 张照片，然后相机会自动将其融合在一起。"多重曝光" 功能可以帮助我们轻易地实现蒙太奇式的图像合成效果。

开启或关闭多重曝光

此菜单用于控制是否启用 "多重曝光" 功能。选择 "关闭" 选项将关闭此功能，选择 "开启（一系列）" 选项，则连续拍摄多组多重曝光照片，选择 "开启（单张照片）" 选项，则拍摄完一组多重曝光图像后会自动关闭 "多重曝光" 功能。设定步骤如下所示。

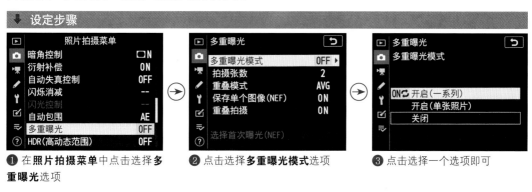

❶ 在**照片拍摄菜单**中点击选择**多重曝光**选项

❷ 点击选择**多重曝光模式**选项

❸ 点击选择一个选项即可

设置多重曝光次数

在此菜单中，可以设置多重曝光拍摄时的曝光次数，可以选择 2~10 张进行拍摄。通常情况下，2~3 次曝光就可以满足绝大部分的拍摄需求。设定步骤如右所示。

高手点拨：设置的张数越多，则合成的画面中产生的噪点也越多。

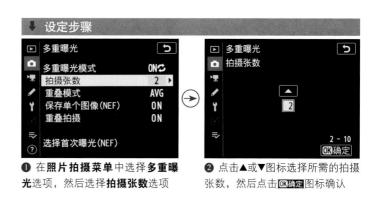

❶ 在**照片拍摄菜单**中选择**多重曝光**选项，然后选择**拍摄张数**选项

❷ 点击▲或▼图标选择所需的拍摄张数，然后点击OK确定图标确认

改变多重曝光照片的叠加合成方式

在此菜单中可以选择合成多重曝光照片时的算法,包括"叠加""平均""亮化"和"暗化"4个选项。设定步骤如右所示。

● 叠加:选择此选项,则不作修改即合成曝光。

● 平均:选择此选项,曝光合成前,每次曝光的增益补偿为1除以所记录的总拍摄张数(如拍摄数量为2时,每张照片的增益补偿为1/2;拍摄数量为3时,增益补偿为1/3,依此类推)。

● 亮化:选择此选项,相机将比较每张照片中的像素,并使用最亮的像素。

● 暗化:选择此选项,相机将比较每张照片的像素,并使用最暗的像素。

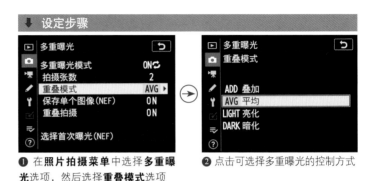

❶ 在照片拍摄菜单中选择多重曝光选项,然后选择重叠模式选项

❷ 点击可选择多重曝光的控制方式

保存单个图像(NEF)

在此菜单中,可以设置是保留所拍摄一组多重曝光的每一张照片(照片以RAW格式保存),还是仅保留最终合成多重曝光效果的一张照片。设定步骤如右所示。

❶ 在照片拍摄菜单中选择多重曝光选项,然后选择保留单个图像(NEF)选项

❷ 点击选择开启或关闭选项

重叠拍摄

在此菜单中选择"开启"选项,在即时取景照片拍摄期间,先拍的照片会叠加在画面中,辅助接下来所拍照片的构图。

选择"关闭"选项,则拍摄过程中不会显示先前的照片曝光。设定步骤如右所示。

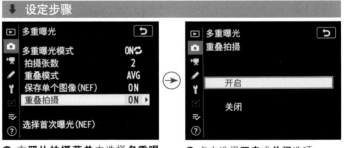

❶ 在照片拍摄菜单中选择多重曝光选项,然后选择重叠拍摄选项

❷ 点击选择开启或关闭选项

选择首次曝光（NEF）

在此菜单中，允许摄影师从存储卡中选择一张NEF（RAW）照片，然后再通过拍摄的方式进行多重曝光，而选择的照片也会占用一次曝光次数。例如在设置曝光次数为3时，除了从存储卡中选择的一张照片外，还可以再拍摄两张照片用于多重曝光图像的合成。设定步骤如右所示。

❶ 在**照片拍摄菜单**中选择**多重曝光**选项，然后选择**选择首次曝光（NEF）**选项

❷ 点击选择一张所需的照片，然后点击 OK确定 图标确认

使用多重曝光拍摄明月

使用多重曝光功能拍摄月亮的方法如下：

❶ 将"多重曝光模式"设置为"开启（一系列）"或"开启（单张照片）"选项。

❷ 此次拍摄是将大月亮与广角的城市夜景合成多重曝光照片，因此将"拍摄张数"设置为2即可。

❸ 因为月亮较亮，因此需要保留月亮的亮部细节，所以将"重叠模式"设置为"亮化"选项。

❹ 设置完毕后，即可开始多重曝光拍摄。

❺ 第1张可以用镜头的中焦或广角端拍摄画面的全景，当然画面中不要出现月亮图像，但要为月亮图像保留一定的空白位置，然后以较长的曝光时间完成拍摄，以得到较为准确的曝光结果。

❻ 在拍摄第2张照片时，可以使用长焦镜头或变焦镜头的长焦端，对月亮进行构图并拍摄。当然，在构图的时候，要注意结合上一张照片的构图，将月亮安排在合适的位置，并重新调整曝光参数进行拍摄。

▲ 第一次使用广角镜头拍摄大场景，第二次使用长焦镜头只对天空中的大月亮进行拍摄，但要控制月亮的大小，太大会显得不自然，而太小又失去了多重曝光的意义。

利用动态 D-Lighting 使画面细节更丰富

在拍摄光比较大的画面时容易丢失细节，当亮部过亮、暗部过暗或明暗反差较大时，启用"动态 D-Lighting"功能可以进行不同程度的校正。设定步骤如右所示。

例如，在直射明亮阳光下拍摄时，拍出的照片中容易出现较暗的阴影与较亮的高光区域，启用"动态 D-Lighting"功能，可以确保所拍摄照片中的高光和阴影的细节不会丢失，因为此功能会使照片的曝光稍欠一些，有助于防止照片的高光区域完全变白而显示不出任何细节，同时还能够避免因为曝光不足而使阴影区域中的细节丢失。

该功能与矩阵测光模式一起使用时，效果最为明显。若选择了"自动"选项，相机将根据拍摄环境自动调整动态 D-Lighting。

❶ 在**照片拍摄**菜单中选择**动态 D-Lighting** 选项

❷ 点击可选择不同的校正强度

◀『 焦距：135mm ┊ 光圈：F2.8 ┊快门速度：1/400s ┊感光度：ISO100 』

◀ 通过对比开启和关闭"动态 D-Lighting"功能拍摄的照片可以看出，将"动态 D-Lighting"设为"高"拍摄的画面中，高光部分得到了抑制，阴影部分也得到了提亮。

使用 Nikon D780 直接拍摄出精美的 HDR 照片

HDR（高动态范围）是 Nikon D780 提供的一个非常实用的功能，其原理是通过连续拍摄两张增加曝光量及减少曝光量的图像，然后由相机进行高动态图像合成，从而获得暗调与高光区域都能均匀显示细节的照片。设定步骤如右所示。

设定步骤

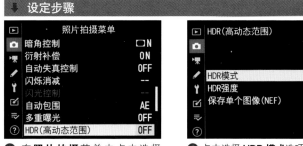

❶ 在**照片拍摄**菜单中点击选择 HDR（**高动态范围**）选项

❷ 点击选择 HDR **模式**选项

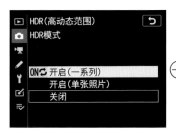

❸ 点击选择是否启用 HDR 模式以及是否连续多次拍摄 HDR 照片

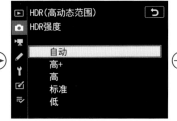

❹ 若在步骤❷中选择 HDR **强度**选项，点击选择所需的选项

❺ 若在步骤❷中选择**保存单个图像（NEF**）选项，点击可以选择不同的平滑程度

● HDR 模式：用于设置是否开启及是否连续多次拍摄 HDR 照片。选择"开启（一系列）"选项，将一直保持 HDR 模式的打开状态，直至摄影师手动将其关闭为止；选择"开启（单张照片）"选项，将在拍摄完成一张 HDR 照片后，自动关闭此功能；选择"关闭"选项，将禁用 HDR 拍摄模式。

● HDR 强度：用于控制两幅图像之间的曝光差异，数值越高，则两张照片的曝光级数相差越大，生成的最终照片中最亮与最暗区域的细节越多，但照片的颜色有可能变得很怪异。其中包括了"自动""高+""高""标准"和"低"5 个选项。若选择"自动"选项，则相机会根据拍摄环境自动调整 HDR 强度。

● 保存单个图像（NEF）：选择"开启"选项，可保存创建 HDR 图像的每一张照片（照片以 RAW 格式保存）；选择"关闭"选项，则仅保留最终合成 HDR 效果的一张照片。

Q：什么是 HDR 照片？

A：HDR 是英文 High-Dynamic Range 的缩写，意为"高动态范围"。在摄影中，高动态范围指的就是高宽容度，因此 HDR 照片就是具有高宽容度的照片。HDR 照片的典型特点是亮的地方非常亮、暗的地方非常暗，但无论是亮部还是暗部，都有很丰富的细节。使用普通的摄影手段无法拍摄出具有 HDR 特点的普通照片，但使用 Nikon D780 相机则能够拍摄出具有 HDR 特点的照片。

Q：什么是 Dynamic Range（动态范围）？

A：动态范围是指一个场景的最亮和最暗部分之间的相对比值。

Nikon D780

使用 Nikon D780 的 Wi-Fi 功能拍摄的三大优势

自拍时摆造型更自由

使用手机自拍，虽然操作方便、快捷，但效果不尽如人意。而使用数码微单相机自拍时，虽然效果很好，但操作起来却很麻烦。通常在拍摄前要选好替代物，以便于相机锁定焦点，在拍摄时还要准确地站立在替代物的位置，否则有可能导致焦点不实，更不用说还存在是否能捕捉到最灿烂笑容的问题。

但如果使用 Nikon D780 相机的 Wi-Fi 功能，则可以很好地解决这一问题。只要将智能手机注册到 Nikon D780 相机的 Wi-Fi 网络中，就可以将相机液晶显示屏中显示的影像，以直播的形式显示到手机屏幕上。这样在自拍时就能够很轻松地确认自己有没有站对位置、脸部是否摆在最漂亮的角度、笑容够不够灿烂等，通过手机屏幕观察后，就可以直接用手机控制快门进行拍摄。

在拍摄时，首先要用三脚架固定相机；然后再找到合适的背景，通过手机观察自己所站的位置是否合适，自由地摆出个人喜好的造型，并通过手机确认姿势和构图；最后通过操作手机控制释放快门完成拍摄。

在更舒适的环境下遥控拍摄

在野外拍摄星轨的摄友，大多都体验过刺骨的寒风和蚊虫的叮咬。这是由于拍摄星轨通常都需要长时间曝光，而且为了避免受到城市灯光的影响，拍摄地点通常选择在空旷的野外。因此，虽然拍摄的成果令人激动，但拍摄的过程的确是一种煎熬。

利用 Nikon D780 相机的 Wi-Fi 功能可以很好地解决这一问题。只要将智能手机注册到 Nikon D780 相机的 Wi-Fi 网络中，摄影师就可以在遮风避雨的拍摄场所，如汽车内、帐篷中，通过智能手机进行拍摄。

这一功能对于喜好天文和野生动物摄影的摄友而言，绝对值得尝试。

以特别的角度轻松拍摄

虽然 Nikon D780 的液晶屏幕是可翻折屏幕，但如果以较低的角度拍摄时，仍然不是很方便，利用 Nikon D780 相机的 Wi-Fi 功能可以很好地解决这一问题。

当需要以非常低的角度拍摄时，可以在拍摄位置固定好相机，然后通过智能手机的实时显示的画面查看图像并释放快门。即使在拍摄时需要将相机贴近地面，拍摄者也只需站在相机的旁边，通过手机控制，轻松、舒适地抓准时机进行拍摄。

除了在非常低的角度进行拍摄外，当需要以一个非常高的角度进行拍摄时，也可以使用这种方法。

在智能手机上安装 SnapBridge

使用智能手机遥控 Nikon D780 时，不仅需要在智能手机中安装 SnapBridge（尼享）程序，还需要进行相应设置。

SnapBridge 可在尼康照相机与智能设备之间建立双向无线连接，可将使用照相机所拍的照片下载至智能设备，也可以在智能设备上显示照相机镜头视野从而遥控照相机。

用户可以从尼康官网下载或 AppleStore 下载 SnapBridge 软件。

SnapBridge

▲ SnapBridge 程序图标

与手机建立 Wi-Fi 连接

打开 Wi-Fi 连接

在"Wi-Fi 连接"菜单建立连接，菜单界面中将显示 Nikon D780 相机的 SSID 名称和密码，如右所示。

⬇ 设定步骤

❶ 点击选择**设定菜单**中的**连接至智能设备**选项

❷ 点击选择 **Wi-Fi 连接**选项

❸ 点击选择**建立 Wi-Fi 连接**选项

❹ 在此界面中，可以查看 SSID 名称和密码

利用智能手机搜索无线网络

完成上述步骤的设置工作后，在这一步骤中需要启用智能手机的 Wi-Fi 功能，并接入 Nikon D780 的 Wi-Fi 网络，如右所示。

设定步骤

❶ 开启智能手机的 Wi-Fi 功能，并搜索名字中带 D780 的无线网络。

❷ 在密码输入框中输入相机上显示的 8 位密钥。

❸ 连接成功后的状态。

从相机中下载照片的操作步骤

如果将"自动选择以发送"菜单设置为"开启"，那么只要相机与智能设置处于持续连接的有效状态，便会自动传输照片。

除了出于备份的考虑而需要传输所有的照片，在其他情况下，其实并不需要传输所有的照片，如果只是想传几张到手机上看看或分享到网络，那么就可以在与相机的蓝牙、Wi-Fi 连接的情况下，按照下面的步骤进行操作。

设定步骤

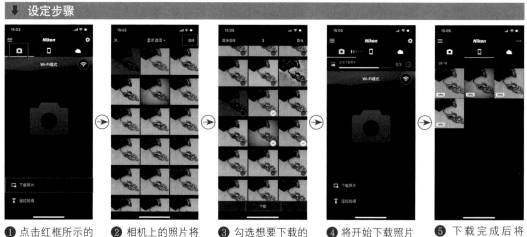

❶ 点击红框所示的照相机图标，然后点击**下载照片**选项

❷ 相机上的照片将以缩略图的形式显示，点击右上角的选择图标

❸ 勾选想要下载的照片，然后点击下方的**下载**选项

❹ 将开始下载照片

❺ 下载完成后将可以在手机上查看照片

用智能手机进行遥控拍摄的操作步骤

　　将 Nikon D780 相机连接到手机后，还可以用手机来遥控拍摄静态照片。在连接有效的情况下，点击 SnapBridge 软件中的照相机图标，然后点击遥控拍摄，即可在手机屏幕上显示图像，如下所示。不过 SnapBridge 软件中的遥控拍摄界面比较简单，用户不可以在手机屏幕上进行改变快门速度、光圈、变焦等操作，因此在使用手机拍摄前，应在相机中调整好焦距、构图、曝光等。

↓ 设定步骤

❶ 点击红框所示的照相机图标，然后点击**遥控拍摄**选项

❷ 手机屏幕上将显示图像，查看取景是否合适，此时可以点击屏幕上的图像区域进行对焦，然后点击快门图标进行拍摄

❸ 在拍摄界面,可以对曝光组合、白平衡模式、曝光补偿、曝光模式等常用参数进行设置

▶ 拍摄夜景时，在身边没有快门线的情况下，可以利用智能手机来遥控拍摄，这样就可以避免因手指按下快门按钮时相机震动而使画面模糊的情况。『焦距：20mm ┆光圈：F11 ┆快门速度：10s ┆感光度：ISO200』

第 6 章 拍摄 Vlog 视频需要准备的硬件及需要理解的参数

视频拍摄稳定设备

手持式稳定器

在手持相机的情况下拍摄视频，往往会产生明显的抖动。这时就需要使用可以让画面更稳定的器材，比如手持稳定器。

使用这种稳定器无需练习，只要选择相应的模式，就可以拍出比较稳定的画面，而且体积小、重量轻，非常适合业余视频爱好者使用。

在拍摄过程中，稳定器会不断自动进行调整，从而抵消掉手抖或者在移动时所造成的相机震动。

由于此类稳定器是电动的，所以在搭配上手机 APP 后，可以实现一键拍摄全景、延时、慢门轨迹等特殊功能。

小斯坦尼康

斯坦尼康（Steadicam），即摄像机稳定器，由美国人 Garrett Brown 发明，自 20 世纪 70 年代开始逐渐为业内普遍使用。

这种稳定器属于专业摄像的稳定设备，主要用于手持移动录制。虽然同样可以手持，但它的体积和重量都比较大，适用于专业摄像机使用，并且是以穿戴式手持设备的形式设计出来的，所以对于普通摄影爱好者来说，斯坦尼康显然并不适用。

因此，为了在体积、重量和稳定效果中找到一个平衡点，小斯坦尼康问世了。

这款稳定设备在大斯坦尼康的基础上，对体积和重量进行了压缩，从而无需穿戴，只要手持即可使用。

由于依然具有不错的稳定效果，所以即便是专业的视频制作工作者，在拍摄一些不是很重要的素材时依旧会使用。

但需要强调的是，无论是斯坦尼康，还是小斯坦尼康，都是采用纯物理减震，所以需要一定的练习才能实现良好的减震效果。因此只建议追求专业级摄像的各位使用。

▲ 小斯坦尼康

单反肩托架

单反肩托架，又是一个相比小巧便携的稳定器而言更专业的稳定设备。

肩托架并没有稳定器那么多智能的功能，但它结构简单，没有任何电子元件，在各种环境下均可以使用，并且只要掌握一定的方法，在稳定性上也更胜一筹。毕竟通过肩部受力，大大降低了手抖和走动过程中造成的画面抖动。

不仅仅是单反肩托架，在利用稳定器拍摄时，如果掌握一些拍摄技巧，同样可以增加画面稳定性。

摄像专用三脚架

与便携的摄影三脚架相比，摄像三脚架为了更好的稳定性而牺牲了便携性。

一般来讲，摄影三脚架在三个方向上各有 1 根脚管，也就是共有 3 根脚管。而摄像三脚架在三个方向上最少各有 3 根脚管，也就是共有 9 根脚管，再加上底部的脚管连接设计，其稳定性要高于摄影三脚架。另外，脚管数量越多的摄像专用三脚架，其最大高度也更高。

云台方面，为了在摄像时能够在单一方向上精确、稳定地转换视角，所以摄像三脚架一般使用带摇杆的三维云台。

滑轨

相比稳定器，利用滑轨移动相机录制视频可以获得更稳定、更流畅的镜头表现。利用滑轨进行移镜、推镜等运镜时，可以呈现出电影级的效果，所以是更专业的视频录制设备。

另外，如果希望在录制延时视频时呈现一定的运镜效果，一个电动滑轨就十分有必要。因为电动滑轨可以实现微小的、匀速的持续移动，从而在短距离的移动过程中，拍摄下多张延时素材，这样通过后期合成，就可以得到连贯的、顺畅的、带有运镜效果的延时摄影画面。

移动时保持稳定的技巧

即便使用了稳定器，在拍摄移动过程中也不可太过随意，否则画面同样会出现明显的抖动。因此，掌握一些移动拍摄时的小技巧就很有必要。

始终维持稳定的拍摄姿势

为保持稳定，在移动拍摄时依旧需要保持正确的拍摄姿势。也就是双手拿稳相机（或拿稳稳定器），从而形成三角形支撑，增加稳定性。

憋住一口气

此方法适合在短时间的移动录制时使用。因为普通人在移动状态下憋一口气也就维持十几秒的时间。如果在这段时间内可以完成一个镜头的拍摄，那么此法可行；如果时间不够，切记不要采用此种方法。因为在长时间憋气后，势必会急喘几下，这几下急喘往往会让画面出现明显抖动。

保持呼吸均匀

如果憋一口气的时间无法完成拍摄，那么就需要在移动录制过程中保持呼吸均匀。稳定的呼吸可以保证身体不会有明显的起伏，从而提高拍摄稳定性。

▲ 憋住一口气可以在短时间内拍摄出稳定的画面。

屈膝移动减少反作用力

在移动过程中之所以很容易造成画面抖动，其中一个很重要的原因就在于迈步时地面给的反作用力会让身体震动一下。但当屈膝移动时，弯曲的膝盖会形成一个缓冲，就好像自行车的减震一样，从而避免产生明显的抖动。

提前确定地面情况

在移动录制时，眼睛肯定是一直盯着屏幕，也就无暇顾及地面情况。为了在拍摄过程中的安全和

成功率（被绊倒就绝对拍废了一个镜头），一定要事先观察好路面情况，从而在录制时可以有所调整，不至于摇摇晃晃。

转动身体而不是转动手臂

在调整拍摄方向时，如果直接通过转动手臂进行调整，则很容易在转向过程中产生抖动。此时正确的做法应该是保持手臂不动，转动身体调整取景角度，这样可以让转向过程中更平稳。

视频拍摄存储设备

如果您的相机本身支持 4k 视频录制，但却无法正常拍摄，造成这种情况的原因往往是存储卡内存没有达到要求。另外，该节还将向您介绍一种新兴的文件存储方式，可以让海量视频文件更容易存储、管理和分享。

SD 存储卡

现如今的中高端单反相机，大部分均支持录制 4K 视频。而由于 4k 视频在录制过程中，每秒都需要存入大量信息，所以要求存储卡具有较高的写入速度。

通常来讲，U3 速度等级的 SD 存储卡（存储卡上有 U3 标示），其写入速度基本在 75MB/s 以上，可以满足码率低于 200Mbps 的 4K 视频的录制。

如果要录制码率达到 400Mbps 的视频，则需要购买写入速度 100MB/s 以上的 UHS-II 存储卡。UHS（Ultra High Speed）是指超高速接口，而不同的速度级别以 UHS-I、UHS-II、UHS-III 标识。其中速度最快的是 UHS-III，其读写速度最低也能达到 150MB/s。

速度级别越高的存储卡也就越贵。以 UHS-II 存储卡为例，容量为 64GB，其价格最低也要 400 元左右。

NAS 网络存储服务器

由于 4k 视频的文件较大，对于经常进行视频录制的使用者，往往需要购买多块硬盘进行存储。当寻找个别视频时费时费力，在文件管理和访问上都不方便。而 NAS 网络存储服务器则让大尺寸的 4k 文件也可以 24 小时随时访问，并且同时支持手机端和电脑端。在建立多个账户并设定权限的情况下，还可以让多人同时使用，并且保证个人隐私，为文件的共享和访问带来便利。

一听"服务器"，各位可能会觉得离自己非常遥远，其实目前市场上已经有成熟的产品。比如西部数据和群晖都有多种型号的 NAS 网络存储服务器可供选择，并且保证可以轻松上手。

视频拍摄采音设备

在室外或者不够安静的室内录制视频时，单纯通过相机自带的麦克风和声音设置往往无法得到满意的采音效果，这时就需要使用外接麦克风来提高视频中的音质。

便携的"小蜜蜂"

小蜜蜂也被称为"无线领夹麦克风"。其优势在于小巧便携，并且可以在不面对镜头，或者在运动过程中进行收音。但缺点是需要对多人采音时，则需要准备多个发射端，相对来说会比较麻烦。

另外，在录制采访视频时，也可以将"小蜜蜂"发射端拿在手里，当作"话筒"使用。

枪式指向性麦克风

枪式指向性麦克风通常安装在尼康相机的热靴上进行固定。因此录制一些面对镜头说话的视频，比如讲解类、采访类视频时，就可以着重采集话筒前方的语音，避免周围环境带来的噪声。

而且在使用枪式麦克风时，也不用在身上佩戴麦克风，可以让被摄者的仪表更自然美观。

户外录制防风罩

为避免户外录制视频时出现风声，建议各位将麦克风戴上防风罩。防风罩主要分为毛套防风罩和海绵防风罩，其中海绵防风罩也被称为防喷罩。

一般来说，户外拍摄时建议使用毛套防风罩，其效果相比海绵防风罩更好。

而在室内录制时，使用海绵防风罩即可，不但能起到去除杂音的作用，还可以防止唾液喷入麦克风，这也是海绵防风罩也被称为防喷罩的原因。

视频拍摄灯光设备

在室内录制视频时，如果利用自然光来照明，那么录制时间稍长，光线就会发生变化。比如下午2点到5点这3个小时内，光线的强度和色温都在不断降低，导致画面出现由亮到暗、由色彩正常到色彩偏暖的变化，从而很难拍出画面影调、色彩一致的视频。而如果采用一般室内灯光进行拍摄，灯光亮度又不够，打光效果也无法控制。所以，想录制出效果更好的视频，一些比较专业的室内灯光设备是必不可少的。

简单实用的平板 LED 灯

一般来讲，在视频拍摄时往往需要比较柔和的灯光，让画面中不会出现明显的阴影，并且呈现柔和的明暗过渡。而平板 LED 灯在不增加任何其他配件的情况下，本身就能通过大面积的灯珠打出比较柔和的光源。

当然，平板 LED 灯也可以增加色片、柔光板等配件，让光质和光源色产生变化。

▲ 平板 LED 灯

更多可能的 COB 影视灯

这种灯的形状与影室闪光灯非常像，并且同样带有灯罩卡口，从而让影室闪光灯可用的配件，在 COB 影视灯上均可使用，让灯光更可控。

常用的配件有雷达罩、柔光箱、标准罩、束光筒等，可以打出或柔和或硬朗的光线。

因此，丰富的配件和光效是更多的人选择 COB 影视灯的原因。有时候也会主灯用 COB 影视灯，辅助灯用平板 LED 灯进行组合打光。

▲ COB 影视灯搭配柔光箱

短视频博主最爱的 LED 环形灯

如果不懂布光，或者不希望在布光上花费太多时间，只需要在面前放一盏 LED 环形灯，就可以均匀地打亮面部并形成眼神光了。

当然，LED 环形灯也可以配合其他灯光使用，让面部光影更均匀。

▲ LED 环形灯

利用外接电源进行长时间录制

在进行持续的长时间视频录制时，一块电池很有可能不够用。而如果中途更换电池，则势必会导致拍摄中断。为了解决这个问题，各位可以使用外接电源进行连续录制。

由于外接电源可以使用充电宝进行供电，因此只需购买一块大容量的充电宝，就可以大大延长视频录制时间。

另外，如果在室内固定机位进行录制，还可以选择直接连接插座的外接电源进行供电，从而完全避免在长时间拍摄过程中出现电量不足的问题。

▲ 可以直连插座的外接电源　　▲ 可以连接移动电源的外接电源　　▲ 通过外接电源让充电宝给相机供电

通过提词器让语言更流畅

提词器是通过一个高亮度的显示器显示文稿内容，并将显示器显示内容反射到相机镜头前一块呈45°角的专用镀膜玻璃上，把台词反射出来的设备。它可以让演讲者在看演讲词时，依旧保持很自然地对着镜头说话的感觉。

由于提词器需要经过镜面反射，所以除了硬件设备，还需要使用软件来将正常的文字进行方向上的变换，从而在提词器上显示出正常的文稿。

通过提词器软件，字体的大小、颜色、滚动速度均可以按照演讲人的需求改变。值得一提的是，如果是一个团队进行视频录制，可以派专人控制提词器，从而确保提词速度可以根据演讲人语速的变化而变化。

如果更看中便携性，也可以使用以手机当作显示器的简易提词器。这样可以同时支持单反、微单以及手机进行拍摄。

使用这种提词器配合单反拍摄时，要注意支架的稳定性，必要时需要在支架前方进行配重。以免因为单反太重，而支架又比较单薄，而导致设备倾翻并损坏。

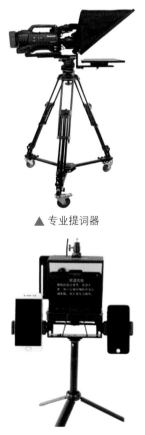

▲ 专业提词器

▲ 简易提词器

直播所需硬件及软件

　　5G 时代的到来，除了会使短视频迎来进一步的爆发，对于直播行业也具有促进作用。据不完全统计，仅国内的直播平台就达到 200 个以上，而主播更是不计其数。目前绝大多数的主播依旧在使用手机或者电脑摄像头进行直播，虽然画质尚可接受，但肯定不能与单反或者无反这种专业设备相比。

使用单反、无反进行直播的优势

更高的画质

　　即便是尼康入门级别的单反相机，由于 CMOS 的尺寸远高于手机，所以在同一环境下直播时，可以获得更多的光线，得到更好的画质。

　　另外，单反相机由于拥有较大的尺寸，所以其光学结构会更合理，成像质量就会比手机更好。

更出色的虚化效果

　　虽然目前很多手机都具有虚化功能，但手机的虚化效果毕竟是靠算法模拟出来的。而尼康单反的虚化效果则是光学规律的结果，所以其虚化效果更唯美、细腻。另外，通过手动控制镜头的光圈和焦距，还可以对虚化程度进行调整。

更多的镜头选择

　　即便是镜头数量比较多的手机，也就只具备长焦、广角和超广角各一只定焦镜头。而单反和无反则可以选择多种焦段镜头，也可以通过变焦镜头精确控制所用焦距，对于直播取景而言，选择的空间更大。

　　再加上即便目前手机的长焦和超广角镜头再强大，其实与单反相似焦段的镜头相比，差距还是比较大的。因此庞大的镜头群，也是用单反、无反直播的一个优势。

使用单反、无反进行直播的特殊配件：采集卡

　　其实做直播的配件和做视频的配件非常相似，像是灯光和采音设备都是通用的。因此这里只介绍使用相机进行直播所需要的一个特殊配件——采集卡。

　　因为只有通过采集卡，才能将单反捕捉到的画面采集到电脑上，再由电脑上的直播软件，将画面推流到直播平台。采集卡的种类有很多，但关键是看其能够采集的实况 / 录影画质有多高。一般能够采集 1080P 60fps 的视频画面就足够使用，但如果做 4K 直播，则需要购买 4K 采集卡。

▲ 采集卡

使用单反、无反进行直播的设备连接方法

首先将直播需要的单反或者无反、采集卡、电脑都准备好；然后将单反或者无反通过 HDMI 线与采集卡的输入端口连接；再将采集卡的输出端口与电脑连接，此时设备的串联就完成了。打开尼康单反将其切换至录像模式，再将电脑上的直播软件打开，捕捉采集到电脑上的单反或者微单画面，就可以看到直播画面了。

▲ 相机连接至采集卡，采集卡连接至电脑

直播软件及设置方法

直播软件的选择

目前个别主流直播平台，比如虎牙直播、斗鱼直播都有自己的直播软件。像企鹅直播就提供了 3 种直播软件，包括伴侣 pc、obs 和 Xsplit，可以使主播自行选择。

对于有专属直播软件的虎牙平台而言，直接选择该软件进行直播就可以了，无论是优化还是各种功能肯定与平台的契合度会更高。

而斗鱼平台虽然也有自己的直播软件——斗鱼直播助手，但功能相对较差，所以口碑不是很好。最近斗鱼直播助手也是内置了 obs 直播软件，所以很多斗鱼平台的主播都是选择直接通过第三方 obs 软件进行直播。

再加上企鹅直播也推荐主播使用 obs 软件，所以不用笔者说，各位也看出来了，obs 是目前相对主流的直播软件，也是建议各位使用的。

直播软件设置方法

❶ 首先打开 obs，点击右下角"场景"模块的"+"，新建一个场景。

❷ 点击界面下方"来源"模块的"+"，选择画面来源。

❸ 在弹出的菜单中选择"视频捕捉设备"。

❹ 在弹出的窗口中点击"确定"。

❺ 在弹出窗口的"设备"选项中选择连接好的采集器，即可显示画面。

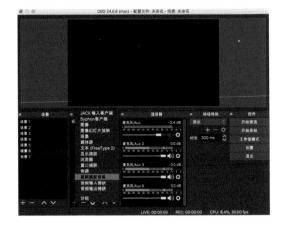

❻ 接下来点击界面右下角"设置"选项。

❼ 点击左侧"推流"选项，并将"服务"设置为"自定义"，然后将个人直播间的推流码复制到"服务器"一栏。

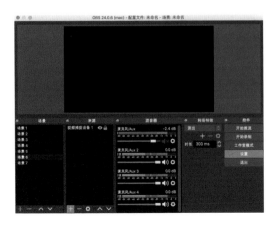

❽ 点击右侧"输出"选项，视频比特率设置为2500kbps，编码器为x264，音频比特率为160。

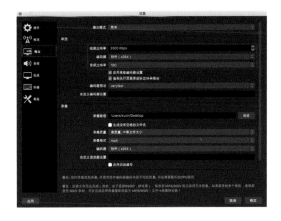

❾ 再点击左侧"视频"选项，基础分辨率和输出分辨率按照个人需求进行设置，笔者此处最高能够设置到1920×1080。样本数量越高，对画质影响越小，缩小方法及压缩方法建议选择Lanczos，帧率选择30fps即可。

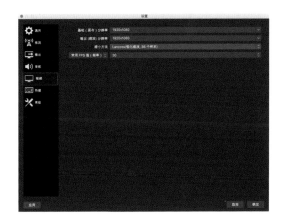

❿ 设置完成后，点击"开始推流"，即可开启自己的直播了。另外，如果想将直播录制下来作为保存，再点击"开始录制"即可。

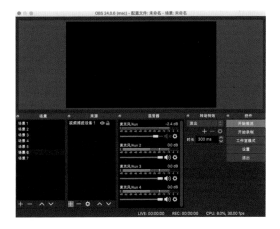

理解视频拍摄中的各参数含义

理解视频分辨率并进行合理设置

视频分辨率指每一个画面中所能显示的像素数量，通常以水平像素数量与垂直像素数量的乘积或垂直像素数量表示。视频分辨率数值越大，画面就越精细，画质就越好。

Nikon D780 相机支持全画幅 4K 超高清视频录制。在 4K 视频录制模式下，用户可以最高录制帧频为 30P、文件无压缩的超高清视频。相比于中低端机型，可以录制出画质更细腻的视频画面。设定步骤如右所示。

需要额外注意的是，若要享受高分辨率带来的精细画质，除了需要设置尼康相机录制高分辨率的视频以外，还需要观看视频的设备具有该分辨率画面的播放能力。

比如使用 Nikon D780 录制了一段 4K（分辨率为 3840×2160）视频，但观看这段视频的电视、平板或者手机只支持全高清（分辨率为 1920×1080）播放，那么视频的画质就只能达到全高清，而到不了 4K 的水平。

因此，建议各位在拍摄视频之前先确定输出端的分辨率上限，然后再确定相机视频的分辨率设置。从而避免因为过大的文件对存储和后期等操作造成没必要的负担。

❶ 在**视频拍摄**菜单中选择**画面尺寸 / 帧频**选项

❷ 点击选择所需的选项

理解帧频并进行合理设置

无论选择哪种视频模式，均有多种帧频可供选择。帧频也被称为 fps，是指一个视频里每秒展示出来的画面数，在尼康相机中以单位 P 表示。例如，一般电影是以每秒 24 张画面的速度播放，也就是一秒钟内在屏幕上连续显示出 24 张静止画面，其帧频为 24P。视觉暂留效应使观众看电影中的人像是动态的。

很显然，每秒显示的画面数多，视觉动态效果流畅，反之，如果画面数少，观看时就有卡顿感觉。因此，在录制景物高速运动的视频时，建议设置为较高的帧频，从而尽量让每一个动作都更清晰、流畅；而在录制访谈、会议等视频时，则使用较低帧频录制即可。

当然，如果录制条件允许，建议以高帧数录制，这样可以在后期处理时拥有更多可能性，比如得到慢镜头效果。像 Nikon D780 可以在全高清分辨率的情况下，支持最高 120fps 视频拍摄，可以同时实现高画质与高帧频。设定步骤如右所示。

❶ 在**视频拍摄**菜单中选择**画面尺寸 / 帧频**选项

❷ 点击选择所需的选项

第7章 拍摄Vlog视频或微电影
需要了解的镜头语言

▲ 移镜头示例

跟镜头

跟镜头又称"跟拍"，是跟随运动的被摄对象进行拍摄的镜头运动方式。跟镜头可连续而详尽地表现角色在行动中的动作和表情，既能突出运动中的主体，又能交代主体的运动方向、速度、体态及其与环境的关系，有利于展示人物在动态中的精神面貌。

跟镜头在走动过程中的采访，以及体育视频中经常使用。采访视频的拍摄位置通常在人物的前方，形成"边走边说"的视觉效果。而体育视频则通常为侧面拍摄，从而表现运动员奔跑的姿态。

▲ 跟镜头示例

环绕镜头

将移镜头与摇镜头组合起来，就可以实现一种比较酷炫的运镜方式——环绕镜头。通过环绕镜头可以360°展现某一主体，经常用于在华丽场景下突出新登场的人物，或者展示景物的精致细节。

最简单的实现方法，就是将相机安装在稳定器上，然后手持稳定器，在尽量保持相机稳定的情况下绕人物跑一圈就可以了。

▲ 环绕镜头示例

甩镜头

甩镜头是指一个画面拍摄结束后，迅速旋转镜头到另一个场景的镜头运动方式。由于甩镜头时，画面的运动速度非常快，所以该部分画面内容是模糊不清的，但这正好符合人眼的视觉习惯（与快速转头时的视觉感受一致），所以会给观者较强的临场感。

值得一提的是，甩镜头既可以在同一场景中的两个不同主体间快速转换，模拟人眼的视觉效果；还可以在甩镜头后直接接入另一个场景的画面（通过后期剪辑进行拼接），从而表现同一时间下，不同空间并列发生的情景，此法在影视剧拍摄中会经常出现。

▲ 甩镜过程中的画面是模糊不清的，以此迅速在两个不同场景间进行切换。

升降镜头

上升镜头是指相机的机位慢慢升起，从而表现被摄体的高大。在影视剧中，也被用来表现悬念。而下降镜头则与之相反。升降镜头的特点在于能够改变镜头和画面的空间，有助于加强戏剧效果。

需要注意的是，不要将升降镜头与摇镜混为一谈。比如机位不动，仅将镜头仰起，此为摇镜，展现的是拍摄角度的变化，而不是高度的变化。

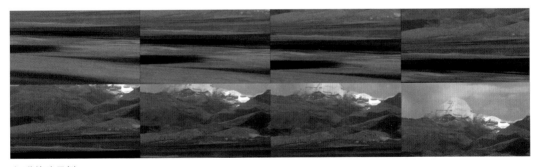

▲ 升镜头示例

3个常用的镜头术语

之所对主要的镜头运动方式进行总结，一方面是因为它们比较常用，又各有特点。而另一方面，则是为了便于交流、沟通所需的画面效果。

因此，除了上述这9种镜头运动方式外，还有一些偶尔也会用到的镜头运动或者是相关"术语"，比如"空镜头""主观镜头"等。

空镜头

"空镜头"指画面中没有人的镜头。也就是单纯拍摄场景或场景中局部细节的画面，通常用来表现景物与人物的联系或借物抒情。

▲ 一组空镜头表现事件发生的环境

主观性镜头

"主观性镜头"其实就是把镜头当作人物的眼睛的镜头，可以形成较强的代入感，并非常适合表现人物内心感受。

▲ 主观性镜头可以模拟出人眼看到的画面效果。

客观性镜头

"客观性镜头"指完全以一种旁观者的角度进行拍摄的镜头。其实这种说法就是为了与"主观性镜头"相区分。因为在视频录制中，除了主观镜头就肯定是客观镜头，而客观镜头又往往占据视频中的绝大部分，所以几乎没有人会去说"拍个客观镜头"这样的话。

▲ 客观性镜头示例

镜头语言之转场

镜头转场方法可以归纳为两大类，分别为技巧性转场和非技巧性转场。技巧性转场指的是在拍摄或者剪辑时要采用一些技术或者特效才能实现。而非技巧性转场则是直接将两个镜头拼接在一起，通过镜头之间的内在联系，让画面切换显得自然、流畅。

技巧性转场

淡入淡出

淡入淡出转场即上一个镜头的画面由明转暗，直至黑场；下一个镜头的画面由暗转明，逐渐显示至正常亮度。淡出与淡入过程的时长一般各为2秒，但在实际编辑时，可以根据视频的情绪、节奏灵活掌握。部分影片中在淡出淡入转场之间还有一段黑场，可以表现出剧情告一段落，或者让观看者陷入思考。

▲ 淡入淡出转场形成的由明到暗再由暗到明的转场过程。

叠化转场

叠化指将前后两个镜头在短时间内重叠，并且前一个镜头逐渐模糊到消失，后一个镜头逐渐清晰，直到完全显现。叠化转场主要用来表现时间的消逝、空间的转换，或者在表现梦境、回忆的镜头中使用。

值得一提的是，由于在叠化转场时，前后两个镜头会有几秒比较模糊的重叠，如果镜头质量不佳的话，可以用这段时间掩盖镜头缺陷。

▲ 叠化转场会出现前后场景模糊重叠的画面。

划像转场

划像转场也被称为扫换转场，可分为划出与划入。前一画面从某一方向退出屏幕称为划出；下一个画面从某一方向进入荧屏称为划入。根据画面进、出荧屏的方向不同，可分为横划、竖划、对角线划等，通常在两个内容意义差别较大的镜头转场时使用。

▲ 画面横向滑动，前一个镜头逐渐划出，后一个镜头逐渐划入。

非技巧性转场

利用相似性进行转场

当前后两个镜头具有相同或相似的主体形象，或者在运动方向、速度、色彩等方面具有一致性时，即可实现视觉连续、转场顺畅的目的。

比如上一个镜头是果农在果园里采摘苹果，下一个镜头是顾客在菜市场挑选苹果的特写，利用上下镜头都有"苹果"这一共同内容，将两个不同场景下的镜头联系起来了，从而实现自然、顺畅的转场效果。

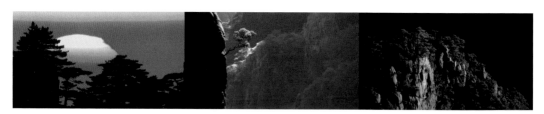

▲ 利用"夕阳的光线"这一相似性进行转场的 3 个镜头

利用思维惯性进行转场

利用人们的思维惯性进行转场，往往可以造成两个场景间的联系，使转场流畅而有趣。

例如上一个镜头，孩子在家里和父母说"我去上学了"，然后下一个镜头切换到学校大门的场景，整个场景转换过程就会比较自然。究其原因在于观者听到"去上学"3 个字后，脑海中自然会呈现出学校的情景，所以此时进行场景转换就会比较顺畅。

▲ 通过语言或其他方式让观者脑海中呈现某一景象，从而进行自然、流畅的转场。

两级镜头转场

利用前后镜头在景别、动静变化等方面的巨大反差和对比，来形成明显的段落感，这种方法被称为两级镜头转场。

由于此种转场方式的段落感比较强，可以突出视频中的不同部分。比如前一段落大景别刚结束，下一段落就以小景别开场，就有种类似写作"总分"的效果。也就是大景别部分让观者对环境有一个大致的了解，然后在小景别部分，则开始细说其中的故事。让观者在观看视频时，有更清晰的思路。

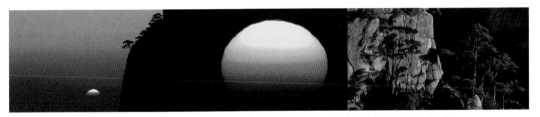

▲ 先通过远景表现日落西山的景观，然后自然地转接两个特写镜头，分别表现"日落"和"山"。

声音转场

用音乐、音响、解说词、对白等和画面相配合的转场方式被称为声音转场。声音转场方式主要有以下两种：

1. 利用声音的延续性自然转换到下一段落。其中，主要方式是同一旋律、声音的提前进入、前后段落声音相似部分的叠化。利用声音的吸引作用，弱化了画面转换、段落变化时的视觉跳动。

2. 利用声音的呼应关系实现场景转换。上下镜头通过两个接连紧密的声音进行衔接，并同时进行场景的更换，让观者有一种穿越时空的视觉感受。比如上一个镜头，男孩儿在公园里问女孩儿"你愿意嫁给我吗？"，下一个镜头，背景音是女孩儿回答"我愿意"，但此时场景已经转到了结婚典礼现场。

空镜转场

只拍摄场景的镜头称为空镜头。这种转场方式通常在需要表现时间或者空间巨大变化时使用，从而起到一个过渡、缓冲的作用。

除此之外，空镜头也可以实现"借物抒情"的效果。比如上一个镜头是女主角向男主角在电话中提出分手，然后接一个空镜头，是雨滴落在地面的景象，然后再接男主角在雨中接电话的景象。其中"分手"这种消极情绪与雨滴落在地面的镜头中是有情感上的内在联系的；而男主角站在雨中接电话，由于与空镜头中的"雨"有空间上的联系，从而实现了自然，并且富有情感的转场效果。

▲ 利用空镜头来衔接时间和空间发生大幅跳跃的镜头。

主观镜头转场

主观镜头转场是指上一个镜头拍摄主体在观看的画面，下一个镜头接转主体观看的对象，这就是主观镜头转场 。主观镜头转场是按照前、后两镜头之间的逻辑关系来处理转场的手法，既显得自然，同时也可以引起观众的探究心理。

▶ 主观镜头通常会与描述所看景物的镜头连接在一起。

遮挡镜头转场

当某物逐渐遮挡画面，直至完全遮挡，然后再逐渐离开，显露画面的过程就是遮挡镜头转场。这种转场方式可以将过场戏省略掉，从而加快画面节奏。

其中，如果遮挡物距离镜头较近，阻挡了大量的光线，导致画面完全变黑；再由纯黑的画面逐渐转变为正常的场景，这种方法还有个转有名次，叫做挡黑转场。而挡黑转场还可以在视觉上给人以较强的冲击，同时制造视觉悬念。

▲ 当马匹遮挡完全遮挡住骑马的孩子时，镜头自然地转向了羊群特写。

多机位拍摄

多机位拍摄的作用

让一镜到底的视频有所变化

对于一些一镜到底的视频，比如会议、采访视频的录制，往往需要使用多机位拍摄。因为如果只用一台相机进行录制，那么拍摄角度就会非常单一，既不利于在多人说话时强调主体，还会使画面有停滞感，很容易让观者感觉到乏味、枯燥。而在设置多机位拍摄的情况下，在后期剪辑时就可以让不同角度或者景别的画面进行切换，从而突出正在说话的人物，并且在不影响访谈完整性的同时，让画面有所变化。

▲ 多机位拍摄获得不同角度和景别的画面

把握住仅有一次的机会

一些特殊画面由于成本或者是时间上的限制，可能只能拍摄一次，无法重复。比如一些电影中的爆炸场景，或者是运动会中的精彩瞬间。为了能够把握住只有一次的机会，在器材允许的情况下，应该尽量多布置机位进行拍摄，避免留下遗憾。

▲ 通过多机位记录不可重复的比赛

多机位拍摄注意不要穿帮

使用多机位拍摄时，由于被拍进画面的范围更大了，所以需要谨慎地选择相机、灯光和采音设备的位置。但对于短视频拍摄来说，器材的数量并不多，所以往往只需要注意相机与相机之间不要彼此拍到即可。

这也解释了为何在采用多机位拍摄时，超广角镜头很少被使用。因为这会导致其他机位的放置选择受到很大的限制。

方便后期剪辑的打板

由于在专业是视频制作中，画面和声音是分开录制的，所以要在开始制作时"打板"，从而在后期剪辑时，让画面中场记板合上的那一帧和产生的"咔哒"声相吻合，以此实现声画同步。

但在多机位拍摄中，除了实现"声画同步"这一作用外，不同机位拍摄的画面，还可以通过"打板"声音吻合而确保视频重合，从而让多机位后期剪辑更方便。当然，如果没有场记板，使用拍手的方法也可以达到相同的目的。

简单了解拍前必做的"分镜头脚本"

通俗地理解，分镜头脚本就是将一个视频所包含的每一个镜头拍什么、怎么拍，先用文字写出来或者是画出来（有的分镜头脚本会利用简笔画表明构图方法），也可以理解为拍视频之前的计划书。

在影视剧拍摄中，分镜头脚本有着严格的绘制要求，是拍摄和后期剪辑的重要依据，并且需要经过专业的训练才能完成。但作为普通摄影爱好者，大多数都以拍摄短视频或者 Vlog 为目的，因此只需了解其作用和基本撰写方法即可。

"分镜头脚本"的作用

指导前期拍摄

即便是拍摄一个长度 10 秒左右的短视频，通常也需要 3-4 个镜头来完成。那么 3 个或 4 个镜头计划怎么拍，就是分镜脚本中也该写清楚的内容。从而避免到了拍摄场地现想，既浪费时间，又可能因为思考时间太短而得不到理想的画面。

值得一提的是，虽然分镜头脚本有指导前期拍摄的作用，但不要被其所束缚。在实地拍摄时，如果突发奇想，有更好的创意，则应该果断采用新方法进行拍摄。如果担心临时确定的拍摄方法不能与其他镜头（拍摄的画面）衔接，则可以按照原本分镜头脚本中的计划，拍摄一个备用镜头，以防万一。

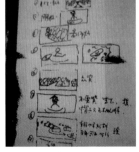

▲ 徐克导演分镜头手稿　　▲ 姜文导演分镜头手稿　　▲ 张艺谋导演分镜头手稿

后期剪辑的依据

根据分镜头脚本拍摄的多个镜头需要通过后期剪辑合并成一个完整的视频。因此,镜头的排列顺序和镜头转换的节奏,都需要以镜头脚本作为依据。尤其是在拍摄多组备用镜头后,很容易相互混淆,导致不得不花费更多的时间进行整理。

另外,由于拍摄时现场的情况很可能与预想不同,所以前期拍摄未必完全按照分镜头脚本进行。此时就需要懂得变通,抛开分镜头脚本,寻找最合适的方式进行剪辑。

"分镜头脚本"的撰写方法

懂得了"分镜头脚本"的撰写方法,也就学会了如何制定短视频或者 Vlog 的拍摄计划。

"分镜头脚本"中应该包含的内容

一份完善的分镜头脚本中,应该包含镜头编号、景别、拍摄方法、时长、画面内容、拍摄解说、音乐共 7 部分内容,下面逐一讲解每部分内容的作用。

1. 镜头编号

镜头编号代表各个镜头在视频中出现的顺序。绝大多数情况下,也是前期拍摄的顺序(因客观原因导致个别镜头无法拍摄时,则会先跳过)。

2. 景别

景别分为全景(远景)、中景、近景、特写,用来确定画面的表现方式。

3. 拍摄方法

针对拍摄对象描述镜头运用方式,是"分镜头脚本"中唯一对拍摄方法的描述。

4. 时长

用来预估该镜头拍摄时长。

5. 画面内容

对拍摄的画面内容进行描述。如果画面中有人物,则需要描绘人物的动作、表情、神态等。

6. 拍摄解说

对拍摄过程中需要强调的细节进行描述,包括光线、构图、镜头运用的具体方法。

7. 音乐

确定背景音乐。

提前对以上 7 部分内容进行思考并确定后,整个视频的拍摄方法和后期剪辑的思路、节奏就基本确定了。虽然思考的过程比较费时间,但正所谓磨刀不误砍柴工,做一份详尽的分镜头脚本,可以让前期拍摄和后期剪辑轻松不少。

撰写一个"分镜头脚本"

在了解了"分镜头脚本"所包含的内容后,就可以自己尝试进行撰写了。这里以在海边拍摄一段短视频为例,向各位介绍撰写方法。

由于"分镜头脚本"是按不同镜头进行撰写,所以一般都是以表格的形式呈现。但为了便于介绍撰写思路,下面会先以成段的文字进行讲解,最后再通过表格呈现最终的"分镜头脚本"。

首先整段视频的背景音乐统一确定为陶喆的《沙滩》。然后再分镜头讲解设计思路。

镜头 1:人物在沙滩上散步,并在旋转过程中让裙子散开,表现出在海边的惬意。所以镜头 1 利用远景将沙滩、海水和人物均纳入画面。为了让人物从画面中突出,人物应穿着颜色鲜艳的服装。

镜头 2：由于镜头 3 中将出现新的场景，所以镜头 2 设计为一个空镜头，单独表现镜头 3 中的场地，让镜头彼此之间具有联系，起到承上启下的作用。

镜头 3：经过前面两个镜头的铺垫，此时通过在垂直方向上拉镜头的方式，让镜头逐渐远离人物，表现出栈桥的线条感与周围环境的空旷、大气之美。

镜头 4：最后一个镜头，则需要将画面拉回视频中的主角——人物。同样通过远景同时兼顾美丽的风景与人物。在构图时要利用好栈桥的线条，形成透视牵引线，增加画面空间感。

▲ 镜头 1 表现人物与海滩景色

▲ 镜头 2 表现出环境

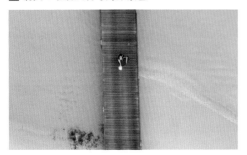

▲ 镜头 3 逐渐表现出环境的极简美

▲ 镜头 4 回归人物

经过以上的思考后，就可以将"分镜头脚本"以表格的形式表现出来了，最终的成品请看下表：

镜号	景别	拍摄方法	时间	画面	解说	音乐
1	远景	移动机位拍摄人物与沙滩	3 秒	穿着红衣的女子在沙滩上、海水边散步	稍微俯视的角度，表现出沙滩与海水。女子可以摆动起裙子	《沙滩》
2	中景	以摇镜的方式表现栈桥	2 秒	狭长栈桥的全貌逐渐出现在画面中	摇镜的最后一个画面，需要栈桥透视线的灭点位于画面中央	同上
3	中景 + 远景	中景俯拍人物，采用拉镜方式，让镜头逐渐远离人物	10 秒	从只有人物与栈桥，到有周围的海水，再到更大空间的环境	通过长镜头，以及拉镜的方式，让画面逐渐出现更多的内容，引起观者的兴趣	同上
4	远景	固定机位拍摄	7 秒	女子在优美的海上栈桥翩翩起舞	利用栈桥让画面更具空间感。人物站在靠近镜头的位置，使其占据画面一定的比例	同上

第 8 章 不可忽视的即时取景与视频拍摄功能

光学取景器拍摄与即时取景显示拍摄原理

数码单反相机有两种拍摄方式：一种是使用光学取景器拍摄的传统方法，另一种是使用即时取景显示模式进行拍摄。即时取景显示拍摄的最大变化是将显示屏作为取景器，而且还使实时面部优先自动对焦和通过手动进行精确对焦成为可能。

光学取景器拍摄原理

光学取景器拍摄是指摄影师通过数码相机上方的光学取景器观察景物进行拍摄的过程。

光学取景器拍摄的工作原理是：光线通过镜头射入机身内的反光镜上，然后反光镜把光线反射到五棱镜上，拍摄者通过五棱镜上反射出来的光线就可以直接查看被摄对象了。因为采用这种方式拍摄时，人眼看到的景物和相机看到的景物基本是一致的，所以误差较小。

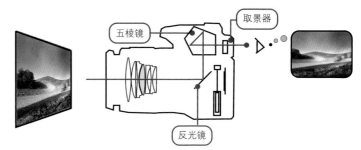

▲ 光学取景器拍摄原理示意图

即时取景显示拍摄原理

即时取景显示拍摄是指摄影师通过数码相机的显示屏观察景物进行拍摄的过程。

其工作原理是：当位于镜头和图像感应器之间的反光镜处于抬起状态时，光线通过镜头后，直接射向图像感应器，图像感应器把捕捉到的光线作为图像数据传送至显示屏，并且在显示屏上进行显示。这种显示模式，更有利于对各种参数进行调整和模拟曝光。

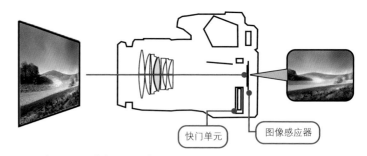

▲ 即时取景显示拍摄原理示意图

即时取景显示拍摄的特点

能够使用更大的屏幕进行观察

即时取景显示拍摄能够直接将显示屏作为取景器使用,由于显示屏的尺寸比光学取景器要大很多,所以能够显示100%视野率的清晰图像,从而更加方便观察被摄景物的细节。在拍摄时摄影师也不用再将眼睛紧贴着相机,构图将变得更加方便。

易于精确合焦以保证照片更清晰

由于即时取景显示拍摄可以将对焦点位置的图像放大,所以拍摄者在拍摄前就可以确定照片的对焦是否准确,从而保证拍摄后的照片更加清晰。

▶ 以蜜蜂的眼睛作为对焦点,对焦时放大观察蜜蜂的眼部,从而拍摄出清晰的照片。

具有脸部/眼睛优先对焦的功能

即时取景显示拍摄具有面部和眼睛优先对焦的功能,当在"自动区域AF"模式下启用了"a5自动区域AF脸/眼睛侦测"功能时,相机能够自动检测画面中人物的面部和眼睛,并且对人物的面部和眼睛进行对焦,对焦时会显示对焦框。如果画面中的人物不止一个,就会出现多个对焦框,可以在这些对焦框中任意选择希望合焦的面部。

▶ 使用脸部/眼睛侦测功能,能够轻松地拍摄出面部清晰的人像。

能够对拍摄的图像进行曝光模拟

使用即时取景显示模式拍摄时,不但可以通过显示屏查看被摄景物,而且还能够在显示屏上反映出不同参数设置带来的明暗和色彩变化。例如,可以通过设置不同的白平衡模式并观察画面色彩的变化,然后从中选择出最合适的白平衡模式选项。这种所见即所得的白平衡选择方式,最适合入门级摄影爱好者,可以使他们更加准确地选中要使用的白平衡。

▶ 在显示屏上进行白平衡的调节,画面的颜色也随之改变。

即时取景显示拍摄相关参数查看与设置

使用 Nikon D780 的即时取景模式拍摄照片较为简单，首先，我们需要在确认打开相机的情况下，将即时取景选择器转至即时取景静态拍摄图标🖰位置，然后按下Lv按钮即可。在设置适当的拍摄参数后，半按快门进行对焦，再完全按下快门即可拍摄得到静态的照片。

信息设置

在即时取景状态下，按下 info 按钮，将在屏幕中显示可以设置或查看的参数。

曝光模式
闪光模式
对焦模式
自动对焦区域模式
自动对焦点
自动对焦点
快门速度值
电池电量
测光模式

影像区域
图像品质
白平衡
优化校准
动态D-Lighting
光圈值
ISO感光度值
剩余拍摄张数

对于拍摄模式、光圈、快门速度等参数而言，与使用取景器拍摄照片时的设置方法基本相同，故此处不再进行详细讲解。

连续按下 info 按钮，可以在不同的信息显示内容之间进行切换，从而以不同的取景模式进行显示。

▲ 在基本取景模式下，可以显示大量拍摄参数。

▲ 在简单显示模式下，仅显示基本参数，其他参数均被隐藏。

▲ 在直方图模式下，可以实时显示当前图像的直方图，以帮助我们判断曝光情况，不过此界面仅在"d9 预览曝光效果"开启时出现。

▲ 根据来自相机倾斜感应器的信息显示虚拟水平信息，以帮助我们判断相机是否处于水平状态。

自动对焦模式

Nikon D780 在即时取景状态下提供了 4 种自动对焦模式，分别用于静态或动态对象的实时拍摄。

对焦模式	功　能
AF-A 自动选择自动对焦	拍摄静止对象时使用AF-S模式、拍摄移动中的对象时使用AF-C模式
AF-S 单次自动对焦	此模式适用于拍摄静态对象，半按快门释放按钮可以锁定对焦
AF-C 连续自动对焦	此模式适用于拍摄移动对象，半按快门释放按钮期间，相机会根据与拍摄对象之间的距离变化连续调整对焦
AF-F 全时自动对焦	此模式适用于拍摄动态的对象，或相机在不断地移动、变换取景位置等情况，此时，相机将连续进行自动对焦。半按快门按钮可以锁定当前的对焦位置。此模式仅在视频录制期间可用

■ 操作方法

将对焦模式选择器旋转至 AF 位置，按住 AF 模式按钮并转动主指令拨盘即可在两种自动对焦模式之间切换。

AF 区域模式

在即时取景状态下可选择以下 5 种 AF 区域模式。除了使用"自动区域"模式外，其他4种模式可以使用多重选择器移动对焦点的位置。

AF 区域模式	功　能
微点	此模式的对焦点较小，适用于需要精确对焦画面中所选点的情况。使用该模式时推荐搭配使用三脚架
单点	相机会对焦于用户所选择的对焦点位置，适合拍摄静止的人、物
宽区域（S） 宽区域（L）	将使用比单点模式更宽的对焦区域进行对焦。适合快速拍摄、移动的拍摄对象以及使用单点难以对焦的其他拍摄对象
动态区域	相机会对焦于用户所选的对焦点，若拍摄对象暂时偏离所选的对焦点，将采用周围对焦点进行对焦。此模式仅在静态拍摄时将对焦模式设置为AF-A或AF-C才可用
自动区域	此模式由相机自动侦测拍摄对象并选择对焦区域。若在即时取景静态拍摄期间侦测到人物，并且"脸部/眼睛侦测AF"功能开启，相机会自动识别脸部或眼睛，并对脸部或眼睛进行对焦

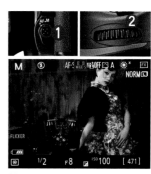

■ 操作方法

将对焦模式选择器旋转至 AF 位置，按住 AF 模式按钮并转动副指令拨盘即可在各种对焦区域模式间切换。

触控快门

由于 Nikon D780 相机的液晶显示屏在即时取景拍摄模式下，可用于触控对焦和拍摄。因此在即时取景拍摄模式下，除了按下快门按钮可以拍摄照片外，也可以点击屏幕进行拍摄，使用触控快门拍摄可以避免按下快门按钮时所产生的相机抖动，因此在拍摄低速题材时非常实用。

❏ 操作方法

在即时取景拍摄状态下，点击红框所示的图标便可以切换点击屏幕时所执行的操作。图中图标的显示状态为触控快门/AF 开启，摄影师点击屏幕上要对焦的位置，即可进行对焦，松开手即会拍摄。

对焦模式	功　能
📷（触控快门/AF：开启）	在自动对焦模式下，轻触液晶显示屏定位对焦点并进行对焦（如果是手动对焦模式，则触控快门无法用于对焦），手指停留在液晶显示屏上时对焦将锁定，抬起手指，便会释放快门拍摄
📷AF（触控AF：开启）	除了从屏幕上抬起手指时，快门不会释放拍摄之外，其他与"触控快门/AF：开启"相同
📷OFF（触控快门/AF：关闭）	手指触摸显示屏不会对焦，抬起手指也不会拍摄。此时对焦和拍摄需要通过按下快门按钮来实现

轮廓增强加亮显示

轮廓增强是一种独特的用于辅助对焦的显示功能，开启此功能后，在即时取景显示模式下使用手动对焦模式进行拍摄时，如果被摄对象对焦清晰，则其边缘会出现标示色彩（可通过"轮廓增强加亮显示颜色"进行设定）轮廓，以方便拍摄者辨识。通过"轮廓增强加亮显示"菜单可以设置在被摄对象边缘标示轮廓的色彩和色彩等级，等级越高，颜色标示越明显。设定步骤如下所示。

⬇ 设定步骤

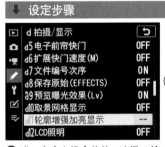

❶ 进入**自定义设定**菜单，选择 **d 拍摄/显示**中的 **d11 轮廓增强加亮显示**选项

❷ 点击选择**轮廓增强级别**或**轮廓增强加亮显示颜色**选项

❸ 点击选择轮廓增强的级别

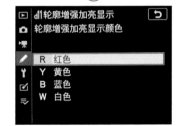

❹ 点击选择所需的颜色选项

📷 **高手点拨**：在拍摄时，需要根据被摄对象的颜色，选择与主体反差较大的色彩，例如拍摄高调对象时，由于大面积为亮色调，所以不适合选择"白色"选项，而应该选择与被摄对象的颜色反差较大的红色。

即时取景显示模式典型应用案例

微距摄影

对于微距摄影而言，清晰是评判照片是否成功的标准之一。由于微距照片的景深都很浅，所以，在进行微距摄影时，对焦是决定照片成功的关键因素。

为了保证焦点清晰，比较稳妥的对焦方法是把焦点位置的图像放大后，调整最终的合焦位置，然后释放快门。这种把焦点位置图像放大的方法，在使用即时取景显示模式拍摄时可以很轻易实现。

在即时取景显示模式下，只要按放大按钮🔍，即可将显示屏中的图像进行放大，以检查拍摄的照片是否准确合焦。

▲ 使用即时取景显示模式拍摄时显示屏的显示状态。　　▲ 按放大按钮🔍后，显示屏右下角的方框中将出现导航窗口。　　▲ 继续按放大按钮，显示屏中的图像会再次被放大。

商品摄影

商品摄影对图片质量的要求都非常高。照片中焦点的位置、清晰的范围以及画面的明暗都应该是摄影师认真考虑的，这些都需要经过耐心调试和准确控制来获得。使用即时取景显示模式拍摄时，拍摄前就可以预览拍摄完成后的结果，所以可以更好地控制照片的细节。

  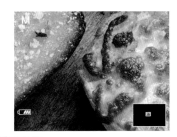

▲ 为了在照片中展现面包的质感，以放大显示的方式，对其中间的位置进行精细对焦。

人像摄影

要拍出有神韵人像的秘诀是对焦于被摄者的眼睛，保证眼睛的位置在画面中是最清晰的。使用光学取景器拍摄时，由于对焦点较小，因此，如果拍摄的是全景人像，可能会由于模特的眼睛在画面中所占的面积较小而造成对焦点偏移，最终导致画面中最清晰的位置不是眼睛，而是眉毛或眼袋等位置。

如果使用即时取景显示模式拍摄，则出错的概率要小许多，因为在拍摄时可以通过放大画面仔细观察对焦位置是否正确。

▲ 在拍摄人像时，人物的眼睛一般都会成为焦点，使用对焦放大功能可以确保焦点位置足够清晰。

录制视频的简易流程

使用 Nikon D780 拍摄短片的操作比较简单，但其中的一些细节仍值得注意，下面列出了一个短片拍摄的基本流程，供用户在拍摄短片时参考。

❶ 在相机背面的右下方将即时取景选择器旋转至动画即时取景🎥位置。

❷ 按Lv按钮，反光板将弹起，镜头视野将出现在相机显示屏中，且已修改了曝光效果。此时在取景器中将无法看见拍摄对象。

❸ 在拍摄动画前，可以通过自动对焦或手动对焦的方式先对主体进行对焦，并选择AF区域模式。

❹ 按动画录制按钮，即可开始录制动画。

❺ 录制完成后，再次按动画录制按钮即可结束录制。

▲ 将即时取景选择器旋转至视频即时取景🎥位置，然后按Lv按钮。

▲ 按视频录制按钮开始录制视频

▲ 录制视频时，会在画面的左上角显示一个红色的圆点及 REC 标志。

虽然上面的流程看上去很简单，但实际上在这个过程中，涉及若干知识点，如设置视频短片参数、设置视频拍摄模式、设置视频自动对焦灵敏度、设置录音参数等，只有理解并正确设置这些参数，才能够录制出一个合格的视频。

下面笔者将通过若干个小节讲解上述知识点。

设置视频格式、画质

跟设置照片的尺寸画质一样，录制视频的时候也需要关注视频文件的相关参数，如果录制的视频只是家用的普通记录短片，可能全高清分辨率的就可以，但是如果作为商业短片，可能需要录制高帧频的4k视频，所以在录制视频，之前一定要设置好视频的参数。设定步骤如右所示。

设置视频格式与画质

在"画面尺寸/帧频"菜单中可以选择短片的画面尺寸、帧频，选择不同的画面尺寸拍摄时，所获得的视频清晰度不同，占用的空间也不同。Nikon D780 支持的短片画面尺寸、帧频等相关参数见下表。

❶ 选择**视频拍摄**菜单中的**画面尺寸 / 帧频**选项

❷ 点击选择所需的选项

选项	最大比特率 （高品质 / 标准）	最长录制时间
3840×2160；30p		
3840×2160；25p		
3840×2160；24p	144/–	
1920×1080；120p		
1920×1080；100p		
1920×1080；60p	56/28	约29分59秒
1920×1080；50p		
1920×1080；30p		
1920×1080；25p	28/14	
1920×1080；24p		
1920×1080；30p×4（慢动作）	36/–	
1920×1080；25p×4（慢动作）		约3分钟
1920×1080；24p×5（慢动作）	29/–	

设置 4K 视频录制

在许多手机都可以录制 4K 视频的今天，4K 基本上是许多中高端相机的标配，Nikon D780 相机在 4K 视频录制模式下，提供有 ![icon] ![icon] ![icon] 三个录制选项，即分别可以录制 30P、25P、24P 的 3840×2160 尺寸超高清 4K 视频。

根据存储卡及时长设置视频画质

与不同尺寸、压缩比的照片文件大小不同一样，录制视频时，如果使用了不同的视频尺寸、帧频、压缩比，视频文件的大小也相去甚远。

因此，拍摄视频之前一定要预估自己使用的存储卡可以记录的视频时长，以避免录制视频时由于要临时更换存储卡，而不得不中断视频录制的尴尬。

直接拍出延时摄影视频

延时摄影又称"定时摄影"，即相机每隔一定的时间拍摄一张照片，最终生成的视频能够呈现出电视上经常看到的花朵开放、城市变迁、风起云涌的效果。

例如，一朵花的开放约需3天3夜共72小时，但如果每半小时拍摄一个画面，按顺序记录开花的过程，需拍摄144张照片，当把这些照片生成视频并以正常帧频率放映时（每秒24幅），在6秒钟之内即可重现花朵3天3夜的开放过程，能够给人强烈的视觉震撼。延时摄影通常用于拍摄城市风光、自然风景、天文现象、生物演变等题材。设定步骤如下所示。

设定步骤

❶ 在**照片拍摄菜单**中选择**延时摄影视频**选项

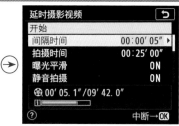

❷ 点击选择**间隔时间**选项

❸ 选择间隔时间框，然后点击▲或▼图标选择间隔时间，设定完成后点击OK确定图标确定

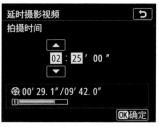

❹ 若在步骤❷中选择**拍摄时间**选项，然后点击▲或▼图标选择拍摄时间，设定完成后点击OK确定图标确定

❺ 若在步骤❷中选择**曝光平滑**选项，在此界面中可选择**开启**或**关闭**选项

❻ 若在步骤❷中选择**静音拍摄**选项，在此界面中可选择**开启**或**关闭**选项

❼ 若在步骤❷中选择**影像区域**选项，在此界面中可选择**选择影像区域**或**自动DX裁切**选项

❽ 若在步骤❼中选择了**选择影像区域**，在此界面可选择**FX**或**DX**选项

❾ 若在步骤❷中选择**画面尺寸/帧频**选项，在此界面中可选择延时摄影视频的尺寸和帧频

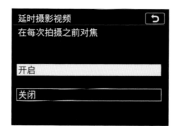

⑩ 若在步骤❷中选择**间隔优先**选项，在此界面中可选择**开启**或**关闭**选项

⑪ 若在步骤❷中选择**在每次拍摄之前对焦**选项，在此界面中可选择**开启**或**关闭**选项

⑫ 若在步骤❷中选择**目标位置**选项，在此界面中可选择**插槽1**或**插槽2**选项

● 开始：选择此选项，将在大约 3 秒后开始延时摄影录制，在选定的拍摄时间内以所选的间隔时间持续拍摄。

● 间隔时间：设置两次拍摄之间的时间，在 N 分 N 秒内设置时间。

● 拍摄时间：设置相机持续拍摄照片的时间长度，在 N 时 N 分内设置时间。

● 曝光平滑：选择"开启"选项，除在使用 M 模式以外的其他曝光模式时，使画面的曝光平滑过渡，若在 M 模式下开启了自动 ISO 感光度功能，曝光平滑也会生效。若是拍摄对象亮度变化较快，曝光平滑的应用效果可能会不佳，此时建议缩短拍摄间隔。

● 静音拍摄：选择"开启"选项，可以使快门静音，以消除快门在工作过程中产生的震动。

● 影像区域：选择"选择影像区域"选项，用户可以选择以 FX 或 DX 影像区域拍摄延时摄影视频。若开启了"自动 DX 裁切"功能，则在相机安装了 DX 镜头时，相机自动选择 DX 影像区域拍摄。

● 画面尺寸 / 帧频：为最终生成的视频选择画面尺寸和帧频。

● 间隔优先：选择"开启"选项，可以确保在 P 和 A 曝光模式下，相机以间隔时间进行拍摄；选择"关闭"选项，则可确保画面的正确曝光。

● 在每次拍摄之前对焦：选择"开启"选项，相机将在首次拍摄后的每次拍摄之前都会进行对焦。

● 目标位置：选择当两张插槽里都安装有存储卡时，以哪张存储卡保存延时摄影视频。

使用 Nikon D780 相机进行延时摄影要注意以下几点。

● 曝光模式需设定为除"EFCT"以外的其他模式；释放模式需设定为除"自拍"和"反光板弹起"以外的其他模式。

● 不能使用自动白平衡，而需要通过手动调色温的方式设置白平衡。

● 一定要使用三脚架进行拍摄，否则在最终生成的视频短片中就会出现明显的跳动画面。

● 拍摄延时摄影视频前，请先在当前设定下试拍一张照片查看曝光效果。

● 为防止从取景器进入的光线干扰曝光，在眼睛远离取景器且关闭"静音拍摄"功能的情况下拍摄时，请取下目镜罩并使用接目镜盖盖上取景器，防止光线进入取景器而干扰曝光。

 高手点拨：Nikon D780相机既可通过"延时摄影视频"菜单的设置，直接生成延时摄影视频，也可以利用"间隔拍摄"功能，拍摄出延时摄影所需的素材照片，然后后期合成延时摄影视频，为用户提供了多样性的操作体验。在此因为书本篇幅有限，而只讲解了"延时摄影视频"菜单的操作步骤。

录制高帧频短片

让视频短片的视觉效果更丰富的方法之一，是调整视频的播放速度，使其加速或减速，成为快放或慢动作效果。

加速视频的方法很简单，通过后期处理将 1 分钟的视频压缩在 10 秒内播放完毕即可。

而要获得高质量慢动作视频效果，则需要在前期录制出高帧频视频。Nikon D780 可以选择 100P 或 120P 录制高帧频视频。

但如果以 100 帧 / 秒的帧频录制视频，1 秒则可以录制 100 帧画面，所以，当以常规 25 帧 / 秒的速度播放视频时，1 秒内录制的动作则呈现为 4 秒，成为电影中常见的慢动作效果，这种视频效果特别适合于表现，那些重要的瞬间或高速运动的拍摄题材，如飞溅的浪花、腾空的摩托车、起飞的鸟儿等。设置步骤如右所示。

❶ 在**视频拍摄**菜单中选择**画面尺寸 / 帧频**选项

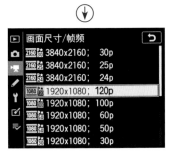

❷ 点击选择 **1920 × 1080；120P** 或 **1920 × 1080；100P** 选项

第 9 章 Nikon D780 相机
适用镜头推荐

AF 镜头名称解读

简单来说，AF 镜头即指可实现自动对焦的尼康镜头，也称为 AF 卡口镜头。AF 系列镜头上的数字和字母都有特定的含义，熟记这些数字和字母代表的含义，就能很快地了解一款镜头的性能。

AF-S 70-200mm F2.8 G IF ED VR Ⅱ

❶　　　　　　❷　　　　　　❸　　　　　　　　❹

❶ 镜头种类

AF

此标识表示适用于尼康相机的 AF 卡口自动对焦镜头。早期的镜头产品中还有 Ai 这样的手动对焦镜头标识，目前已经很少看到了。

❷ 焦距

表示镜头焦距的数值。定焦镜头采用单一数值表示，变焦镜头分别标记焦距范围两端的数值。

❸ 最大光圈

表示镜头最大光圈的数值。定焦镜头采用单一数值表示，变焦镜头中光圈不随焦距变化而变化的镜头采用单一数值表示，而光圈随焦距变化而变化的镜头，分别采用广角端和远摄端的最大光圈值表示。

❹ 镜头特性

D/G

带有 D 标识的镜头可以向机身传递距离信息，早期常用于配合闪光灯来实现更准确的闪光补偿，同时还支持尼康独家的 3D 彩色矩阵测光系统，在镜身上同时带有对焦环和光圈环。

G 型镜头与 D 型镜头的最大区别就在于，G 型镜头没有光圈环，同时，得益于镜头制造工艺的不断进步，G 型镜头拥有更高素质的镜片，因此在成像性能方面更有优势。

IF

IF 是 Internal Focusing 的缩写，指内对焦技术。此技术简化了镜头结构而使镜头的体积和重量都大幅度减小，甚至有的超远摄镜头也能手持拍摄，调焦也更快、更容易。另外，由于在对焦时前组镜片不会发生转动，因此在使用滤镜，尤其是有方向限制的偏振镜或渐变镜等时会非常便利。

ED

ED 为 Extra-low Dispersion 的缩写，指超低色散镜片。加入这种镜片，可以使镜头既拥有锐利的色彩效果，又可以降低色差及避免出现色散现象。

DX

印有 DX 字样的镜头，说明了该镜头是专为尼康 DX 画幅数码单反相机而设计，这种镜头在设计时就已经考虑了感光元件的画幅问题，并在成像、色散等方面进行了优化处理，可谓是量身打造的专属镜头类型。

VR

VR 即 Vibration Reduction，是尼康对于防抖技术的称谓，并已经在主流及高端镜头上得到了广泛的应用。在开启 VR 功能时，通常在低于安全快门速度 3~4 挡的情况下也能实现拍摄。

SWM（-S）

SWM 即 Silent Wave Motor 的缩写，代表该镜头装载了超声波马达，其特点是对焦速度快，可全时手动对焦且对焦安静，这甚至比相机本身提供的驱动马达更加强劲、好用。

在尼康镜头中，很少直接看到该缩写，通常表示为 AF-S，表示该镜头是带有超声波马达的镜头。

鱼眼（Fisheye）

表示对角线视角为 180°（全画幅时）的鱼眼镜头。之所以称之为鱼眼，是因为其特性接近于鱼从水中看陆地的视野。

Micro

表示这是一款微距镜头。通常将最大放大倍率在 0.5~1 倍（等倍）范围内的镜头称为微距镜头。

ASP

ASP 为 Aspherical lens elements 的缩写，指非球面镜片组件。使用这种镜片的镜头拍摄，即使在使用最大光圈时，仍能获得较佳的成像质量。

Ⅱ、Ⅲ

镜头基本上采用相同的光学结构，仅在细节上有微小差异时添加该标记。Ⅱ、Ⅲ表示是同一光学结构镜头的第 2 代和第 3 代。

镜头焦距与视角的关系

　　每款镜头都有其固有的焦距,焦距不同,即代表了不同的拍摄视角,相应的拍摄范围也会有很大的变化,而且不同焦距下的透视、景深等特性也会有很大的区别。

　　例如,采用14mm焦距的广角镜头拍摄时,其视角能够达到114°;而如果使用200mm焦距的长焦镜头拍摄,其视角只有12°。采用不同焦距拍摄时,对应获得的视角如下图所示。由于不同焦距镜头的视角不同,因此,不同焦距镜头适用的拍摄题材也不一样,比如焦距短、视角宽的镜头常用于拍摄风光;而焦距长、视角窄的镜头常用于拍摄体育比赛、鸟类等题材。

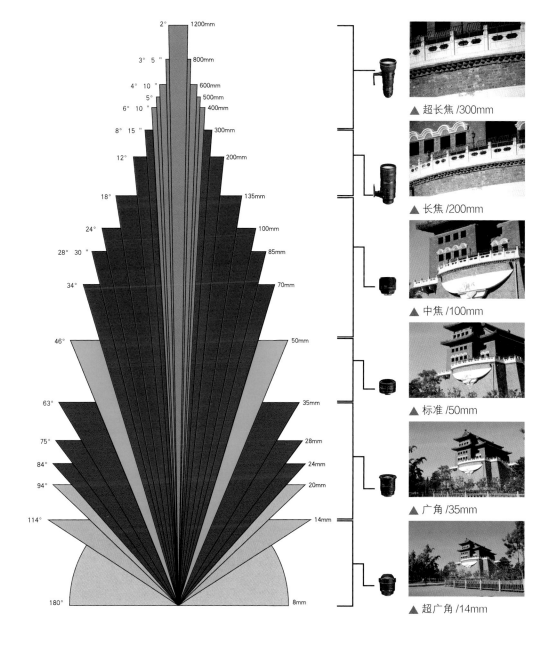

▲ 超长焦 /300mm

▲ 长焦 /200mm

▲ 中焦 /100mm

▲ 标准 /50mm

▲ 广角 /35mm

▲ 超广角 /14mm

定焦与变焦镜头

定焦镜头的焦距不可调节，它具有光学结构简单、最大光圈很大、成像质量优异等特点，在相同焦段的情况下，定焦镜头往往可以和价值数万元的专业镜头媲美。其缺点是由于焦距不可调节，机动性较差，不利于拍摄时进行灵活的构图。

变焦镜头的焦距可在一定范围内变化，其光学结构复杂、镜片数量较多的特性，使得它的生产成本很高，少数恒定大光圈、成像质量优异的变焦镜头的价格昂贵，通常在万元以上。变焦镜头的最大光圈较小，能够达到恒定 F2.8 光圈就已经是顶级镜头了，当然在售价上也是"顶级"的。

变焦镜头的存在，解决了我们为拍摄不同的景别和环境时走来走去的难题，虽然在成像质量以及最大光圈上与定焦镜头相比有所不及，但那只是相对而言，在环境比较苛刻的情况下，变焦镜头确实能为我们提供更大的便利。

▲ 在这组照片中，摄影师只是在较小的范围内移动，就拍摄到了完全不同景别和环境的照片，这都得益于变焦镜头带来的便利。

▶ 变焦镜头 AF-S 尼克尔 70-200mm F2.8 G ED VR Ⅱ

尼康优质镜头推荐

尼康 AF-S 尼克尔 50mm F1.4 G

这款镜头的前身是 AF-S 尼克尔 50mm F1.4 D，新的 50mm F1.4 G 镜头在光学结构上采用了全新的设计，镜片结构由原来的 6 组 7 片变为现在的 7 组 8 片，多达 9 片的圆形光圈叶片能够保证创造出优美的焦外成像效果，即得到的焦外成像效果更加柔和，而且得到的虚化部分可以形成非常唯美的圆形。

需要注意的是，这款新镜头并不带有尼康最新的纳米镀膜技术，甚至连尼康一向广泛使用的超低色散镜片也没有，因此在色散方面的表现较为一般。

镜片结构	7 组 8 片
光圈叶片数	9
最大光圈	F1.4
最小光圈	F16
最近对焦距离（cm）	45
最大放大倍率	1：7
滤镜尺寸（mm）	58
规格（mm）	73.5×54
重量（g）	280

尼康 AF-S 尼克尔 14~24mm F2.8 G ED

尼康 AF-S 尼克尔 14~24mm F2.8 G ED 具有优良的成像解析力，从官方资料上看，该镜头采用了两片超低色散镜片、3 片非球面镜片，搭载在全画幅机身上，能够实现真正的超广角拍摄。作为一款定位于专业人士的高端镜头，这款镜头豪华的用料、扎实的做工以及出色的性能让很多玩家爱不释手。

虽然价格昂贵，但是该镜头的优秀性能确实是不可否认的，安装在尼康自家的 Nikon D780 全画幅数码相机上，可以实现 14mm 的超广角拍摄，绝对是风光摄影的理想选择。此镜头最靠前的镜片呈现夸张的球形，采用了尼康独有的 NC 纳米结晶镀膜技术，因而能够有效降低内反射、像差等。

该镜头在各焦段的成像质量都相当不俗，无愧于"镜皇"的称号，虽然 14mm 超广角端的成像质量较为一般，但收缩光圈至 F8 左右或放大焦距至 16mm 时，其成像质量就变得很高了。

镜片结构	11 组 14 片
光圈叶片数	9
最大光圈	F2.8
最小光圈	F22
最近对焦距离（cm）	28
最大放大倍率	1：6.7
滤镜尺寸（mm）	77
规格（mm）	98 × 131.5
重量（g）	1000

尼康 AF-S 尼克尔 70~200mm f/2.8G ED VR II

　　这款镜头在设计上采用了尼康顶级的技术：内对焦和内变焦设计，全程不变的镜身长度让用户在使用过程中有着极佳的感受，与其优异性能相对应的是，这款镜头的售价也超过了 1.3 万元。

　　在成像方面，"小竹炮"二代更是不负众望，全焦段各光圈下的解像力和锐度都有全面的提高，而且拥有更加真实自然的色彩、柔和的焦外虚化、锐利的焦点成像、超低色散，中心和边缘的像差也有所减小。该镜头作为该焦段的顶级产品，加入了尼康目前所有的新技术，其中包括使用了多达 7 片超低色散镜片、纳米结晶涂层、为相机震动提供相当于提高 4 挡快门速度补偿的尼康减震系统（VR II），以及超声波马达（SWM）。因此，可以说"小竹炮"二代在性能上较前代有了较大提升。

　　如果觉得价钱太贵，也可以选择 AF-S 尼克尔 VR 70-300mm F4.5-5.6 G IF-ED，或 AF-S 尼克尔 70-200mm F2.8 G ED VR，即一代产品。

镜片结构	16 组 21 片
光圈叶片数	9
最大光圈	F2.8
最小光圈	F22
最近对焦距离（cm）	140
最大放大倍率	1：8.3
滤镜尺寸（mm）	77
规格（mm）	87×205.5
重量（g）	1530

尼康 AF-S VR 尼克尔 105mm F2.8 G IF-ED

　　作为 1993 年 12 月推出的 Ai AF 105mm F2.8 Micro（后来尼康曾推出这款镜头的 D 版，可为机身的高级测光功能提供焦点、距离数据，主要用于改善闪光摄影效果）的换代产品，这款新镜头从外形到内部结构都进行了改进，其手感更加扎实，并且由于搭载了 VR 防抖系统，其重量也由旧款的 555g 大幅提升到 790g。这款镜头具有恒定镜筒长度，同时还新增了"N"字符号，表示应用了"Nano Crystal Coating"新技术。

　　作为表现细节的微距镜头，其画质如何是人们更为关注的问题，其实并不用担心，这款镜头具有非常优秀的画面表现能力，甚至超过了"大三元"系列镜头，只是在使用最大光圈拍摄时，边缘位置会略有一点暗角，但收缩一挡光圈后暗角现象就会基本消失。

镜片结构	12 组 14 片
光圈叶片数	9
最大光圈	F2.8
最小光圈	F32
最近对焦距离（cm）	31
最大放大倍率	1：1
滤镜尺寸（mm）	62
规格（mm）	83×116
重量（g）	790

选购镜头时的合理搭配

不同焦段的镜头有着不同的功用，如 85mm 焦距镜头被奉为人像摄影的首选镜头；而 50mm 焦距镜头在人文、纪实等领域有着无可替代的作用。根据拍摄对象的不同，可以选择广角、中焦、长焦以及微距等多种焦段的镜头。

如果要购买多支镜头以满足不同的拍摄需求，一定要注意焦段的合理搭配，比如尼康"大三元"系列的 3 支镜头，即 AF-S 尼克尔 14-24mm F2.8 G ED、AF-S 尼克尔 24-70mm F2.8 G ED 以及

AF-S 尼克尔 70-200mm F2.8 G ED VR II 镜头，覆盖了从广角到长焦最常用的焦段，并且各镜头之间焦距的衔接极为连贯，即使是专业级别的摄影师，也能够满足绝大部分拍摄需求。

广大摄友在选购镜头时，也应该特别注意各镜头间的焦段搭配，尽量避免重合，甚至可以留出一定的"中空"，以避免造成浪费：毕竟好的镜头通常都是很贵的。

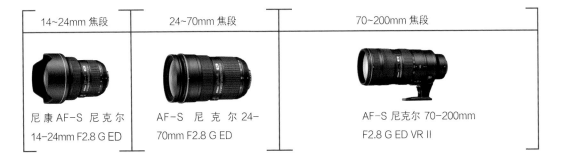

14~24mm 焦段	24~70mm 焦段	70~200mm 焦段
尼康 AF-S 尼克尔 14-24mm F2.8 G ED	AF-S 尼克尔 24-70mm F2.8 G ED	AF-S 尼克尔 70-200mm F2.8 G ED VR II

与镜头相关的常见问题解答

Q：怎么拍出没有畸变与透视感的照片？

A：要想拍出畸变小、透视感不强烈的照片，那么就不能使用广角镜头进行拍摄，而是选择一个较远的距离，使用长焦镜头拍摄。这是因为在远距离下，长焦镜头可以将近景与远景间的纵深感减少以形成压缩效果，因而容易得到畸变小、透视感弱的照片。

Q：使用脚架进行拍摄时是否需要关闭镜头的 VR 功能？

A：一般情况下，使用脚架拍摄时需要关闭 VR，这是为了防止防抖功能将脚架的操作误检测为手的抖动。对一部分远摄镜头而言，当使用脚架进行拍摄时，会自动切换至三脚架模式，这样就不用关闭 VR 了。

Q：如何准确理解焦距？

A：镜头的焦距是指对无限远处的被摄体对焦时镜头中心到成像面的距离，一般用长短来描述。焦距变化带来的不同视觉效果主要体现在视角上。

视野宽广的广角镜头，光照射进镜头的入射角度较大，镜头中心到光集结起来的成像面之间的距离较短，对角线视角较大，因此能够拍出场景更广阔的画面；而视野窄的长焦镜头，光的入射角度较小，镜头中心到成像面的距离较长，对角线视角较小，因此适合以特写的景别拍摄远处的景物。

Q：什么是微距镜头？

A：放大倍率大于或等于1∶1的镜头，即为微距镜头。市场上微距镜头的焦距从短到长，各种类型都有，而真正的微距镜头主是要根据其放大倍率来定义的。放大倍率＝影像大小∶被摄体的实际大小。

如放大倍率为1∶10，表示被摄体的实际大小是影像大小的10倍，或者说影像大小是被摄体实际大小的1/10；放大倍率为1∶1则表示被摄体的实际大小等于影像大小。

根据放大倍率，微距摄影可以细分为近距摄影和超近距摄影。虽然没有很严格的定义，但一般认为近距摄影的放大倍率为（1∶10）~（1∶1），超近距摄影的放大倍率为（1∶1）~（6∶1），当放大倍率大于6∶1时，就属于显微摄影的范围了。

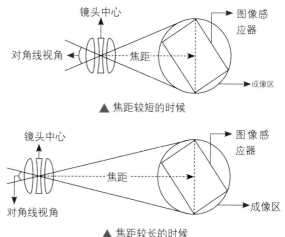

▲ 焦距较短的时候

▲ 焦距较长的时候

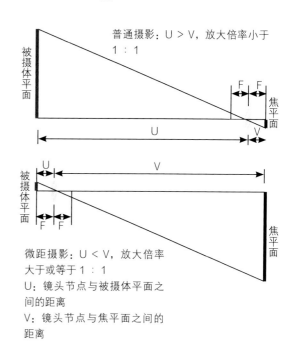

普通摄影：U＞V，放大倍率小于1∶1

微距摄影：U＜V，放大倍率大于或等于1∶1

U：镜头节点与被摄体平面之间的距离

V：镜头节点与焦平面之间的距离

Q：什么是对焦距离？

A：所谓对焦距离是指从被摄体到成像面（图像感应器）的距离，以相机焦平面标记到被摄体合焦位置的距离为计算基准。

许多摄影师常常将其与镜头前端到被摄体的距离（工作距离）相混淆，其实对焦距离与工作距离是两个不同的概念。

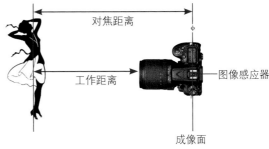

▲ 对焦距离示意图

Q：什么是最近对焦距离？

A：最近对焦距离是指能够对被摄体合焦的最短距离。也就是说，如果被摄体到相机成像面的距离短于该距离，那么就无法完成合焦，即与相机的距离小于最近对焦距离的被摄体将会被全部虚化。在实际拍摄时，拍摄者应根据被摄体的具体情况和拍摄目的来选择合适的镜头。

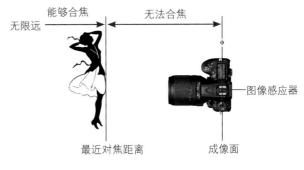

▲ 最近对焦距离示意图

Q：什么是镜头的最大放大倍率？

A：最大放大倍率是指被摄体在成像面上的成像大小与实际大小的比率。如果拥有最大放大倍率为等倍的镜头，就能够在图像感应器上得到和被摄体大小相同的图像。

对于数码照片而言，因为可以使用比图像感应器尺寸更大的回放设备（如计算机等）进行浏览，所以成像看起来如同被放大一般，但最大放大倍率还是应该以在成像面上的成像大小为基准。

▲ 使用最大放大倍率约为1倍的镜头拍摄到最大的形态，在图像感应器上的成像直径为2cm。

▲ 使用最大放大倍率约为0.5倍的镜头拍摄到最大的形态，在图像感应器上的成像直径为1cm。

第 10 章 用附件为照片
增色的技巧

存储卡：容量及读/写速度同样重要

Nikon D780 作为一款准专业级数码单反相机，配备了两个存储卡插槽，可以安装 SD、SDHC 及 SDXC 型存储卡。在购买时，建议不要直接买一张大容量的存储卡，而是分成两张购买。比如需要 128GB 的空间，则建议购买两张 64GB 的存储卡，虽然在使用时有换卡的麻烦，但两张卡同时出现故障的概率要远小于一张卡出故障的概率。

Q：什么是 SDHC 型存储卡？

A：SDHC 是 Secure Digital High Capacity 的缩写，即高容量 SD 卡。SDHC 型存储卡最大的特点就是高容量（2~32GB）。另外，SDHC 采用的是 FAT32 文件系统，其传输速度分为 Class2（2MB/s）、Class4（4MB/s）、Class6（6MB/s）等级别，高速 SD 卡可以支持高分辨率视频的实时存储。

Q：什么是 SDXC 型存储卡？

A：SDXC 是 SD eXtended Capacity 的缩写，即超大容量 SD 存储卡。其最大容量可达 64GB，理论容量可达 2TB。此外，其数据传输速度也很快，最大理论传输速度能达到 300MB/s。但目前许多数码相机及读卡器并不支持此类型的存储卡，因此在购买前要确定当前所使用的数码相机与读卡器是否支持此类型的存储卡。

Nikon D780

Q：存储卡上的 I 与 U 标识是什么意思？

A：存储卡上的 I 标识表示此存储卡支持超高速（Ultra High Speed，即 UHS）接口，即其带宽可以达到 104MB/s，因此，如果计算机的 USB 接口为 USB 3.0，存储卡中的 1GB 照片只需要几秒就可以全部传输到计算机中。如果存储卡上标识有 U，则说明该存储卡还能够满足实时存储高清视频的 UHS Speed Class 1 标准。

▲ 不同格式的 SDXC 及 SDHC 存储卡

UV 镜：保护镜头的选择之一

UV 镜也叫"紫外线滤镜"，主要是针对胶片相机设计的，用于防止紫外线对曝光的影响，能提高成像质量、增加影像的清晰度。而现在的数码相机已经不存在这个问题了，但由于其价格低廉，便成为摄影师用来保护数码相机镜头的工具。

笔者强烈建议摄影师在购买镜头的同时也购买一款 UV 镜，以更好地保护镜头不受灰尘、手印及油渍的侵扰。除了购买尼康的 UV 镜外，肯高、HOYO、大自然及 B+W 等厂商生产的 UV 镜也不错，性价比很高。口径越大的 UV 镜，价格也越高。

▲ B+W UV 镜

偏振镜：消除或减少物体表面的反光

什么是偏振镜

偏振镜也叫偏光镜或 PL 镜，主要用于消除或减少物体表面的反光。在风光摄影中，为了降低反光、获得浓郁的色彩，又或者希望拍摄到清澈见底的水面、透过玻璃拍物品等情况下，一个好的偏振镜是必不可少的。

偏振镜分为线偏和圆偏两种，数码相机应选择有 "C-PL" 标志的圆偏振镜，因为在数码微单相机上使用线偏振镜容易影响测光和对焦。

在使用偏振镜时，可以旋转其调节环以选择不同的强度，在取景窗中可以看到一些色彩上的变化。

同时需要注意的是，使用偏振镜后会阻碍光线的进入，大约相当于减少两挡光圈的进光量，故在使用偏振镜时，我们需要降低快门速度为原来的 1/4，这样才能拍出与未使用偏振镜时相同曝光量的照片。

▲ 肯高 67mm C-PL（W）偏振镜

用偏振镜压暗蓝天

晴朗天空中的散射光是偏振光，利用偏振镜可以减少偏振光，使蓝天变得更蓝、更暗。加装偏振镜后所拍摄的蓝天，比使用蓝色渐变镜拍摄的蓝天要更加真实，因为使用偏振镜拍摄，既能压暗天空，又不会影响其余景物的色彩还原。

用偏振镜提高色彩饱和度

如果拍摄环境的光线比较杂乱，会对景物的色彩还原产生很大的影响，环境光和天空光在物体上形成的反光，会使景物的颜色看起来不鲜艳。使用偏振镜进行拍摄，可以消除杂光中的偏振光，减少杂散光对物体颜色还原的影响，从而提高物体的色彩饱和度，使景物的颜色显得更加鲜艳。

用偏振镜抑制非金属表面的反光

使用偏振镜拍摄的另一个好处就是可以抑制被摄体表面的反光。我们在拍摄水面、玻璃表面时，经常会遇到反光的困扰，使用偏振镜则可以削弱水面、玻璃及其他非金属物体表面的反光。

▲ 使用偏振镜消除水面的反光，从而拍摄到更加清澈的水面。『焦距：20mm ┊光圈：F10 ┊快门速度：1/160s ┊感光度：ISO200』

中灰镜：减少镜头的进光量

什么是中灰镜

中灰镜又被称为 ND（Neutral Density）镜，是一种不带任何色彩的灰色滤镜，安装在镜头前面，可以减少镜头的进光量，从而降低快门速度。当光线太过充足而导致无法降低快门速度时，可以使用中灰镜。

▲ 肯高 52mm ND4 中灰镜

中灰镜的规格

中灰镜有不同的级数，常见的有 ND2、ND4、ND8 这 3 种，分别代表降低 1 挡、2 挡和 3 挡快门速度。例如，在晴朗天气条件下使用 F16 的光圈拍摄瀑布时，得到的快门速度为 1/16s，使用这样的快门速度拍摄无法使水流虚化，此时可以安装 ND4 型号的中灰镜，或安装两块 ND2 型号的中灰镜，使镜头的进光量降低，从而降低快门速度至 1/4s，即可得到预期的效果。

中灰镜各参数对照表				
透光率（P）	密度（D）	阻光倍数（O）	滤镜因数	曝光补偿级数（应开大光圈的级数）
50%	0.3	2	2	1
25%	0.6	4	4	2
12.5%	0.9	8	8	3
6%	1.2	16	16	4

通过使用中灰镜降低快门速度，拍摄到水流连成丝线状的效果。『焦距：70mm ┊ 光圈：F22 ┊ 快门速度：1.5s ┊ 感光度：ISO100』

中灰渐变镜：平衡画面曝光

什么是中灰渐变镜

渐变镜是一种一半透光、一半阻光的滤镜，从形状上分为圆形和方形两种，在色彩上也有很多选择，如蓝色、茶色等。而在所有的渐变镜中，最常用的应该是中灰渐变镜，也就是一种带有中性灰色的渐变镜。

不同形状渐变镜的优缺点

中灰渐变镜有圆形与方形两种形状，圆形渐变镜是直接安装在镜头上的，使用起来比较方便，但由于其渐变效果是不可调节的，因此只能调节约占照片 50% 的画面；而使用方形渐变镜时，需要买一个支架装在镜头前面，其优点是可以根据构图的需要调整渐变的位置。

▲ 不同形状的中灰渐变镜

在阴天使用中灰渐变镜改善天空影调

中灰渐变镜几乎是在阴天拍摄时唯一能够有效改善天空影调的滤镜。在阴天环境下，虽然乌云密布，显得很有层次，但是实际上天空的亮度仍然远远高于地面，所以如果按正常曝光拍摄，得到的画面中天空会由于过曝而显得没有层次感。此时，如果使用中灰渐变镜，用深色的一端覆盖天空，则可以通过降低镜头的进光量来延长曝光时间，使云的层次得到较好的表现。

使用中灰渐变镜降低明暗反差

当拍摄日出、日落等明暗反差较大的场景时，为了使较亮的天空与较暗的地面都得到均匀的曝光，可以使用中灰渐变镜拍摄。拍摄时用镜片较暗的一端覆盖天空，即可降低此区域的通光量，从而使天空与地面均得到正确曝光。

▲ 借助中灰渐变镜压暗过亮的天空，缩小其与地面的明暗差距，最终得到了层次细腻的画面效果。『焦距：24mm ┊光圈：F11 ┊快门速度：2.5s ┊感光度：ISO100』

快门线：避免直接按下快门产生震动

在对稳定性要求很高的情况下，通常会采用快门线与脚架结合使用的方式进行拍摄。其中，快门线的作用就是尽量避免直接按下机身快门时可能产生的震动，以保证相机的稳定，进而保证得到更高的画面质量。

▲ 这幅夜景照片的曝光时间达到了 8s，为了保证画面清晰，快门线与三脚架是必不可不少的装备。『焦距：30mm ┊ 光圈：F16 ┊ 快门速度：8s ┊ 感光度：ISO250』

▲ 适用于 Nikon D780 的 MC-DC2 快门线

遥控器：遥控对焦及拍摄

如同电视机的遥控器一样，我们可以在远离相机的情况下，使用快门遥控器进行对焦及拍摄，通常这个最远距离是 8m 左右，这已经可以满足自拍或拍集体照的需求了。在这方面，遥控器的实用性远大于快门线。

需要注意的是，有些遥控器在相机正面进行拍摄时，会存在对焦缓慢甚至无法响应等问题，在购买时应注意试验，并询问销售人员。

▲ 使用遥控器，在跟小姐妹一起拍合影时，就不会因为少了自己而遗憾了。『焦距：50mm ┊ 光圈：F6.3 ┊ 快门速度：1/200s ┊ 感光度：ISO100』

▲ 适用于Nikon D780的WR-1遥控器

脚架：保持相机稳定的基本装备

脚架是最常用的摄影配件之一，使用它可以让相机变得更稳定，以保证在长时间曝光的情况下也能够拍摄到清晰的照片。

脚架的分类

市场上的脚架类型非常多，按材质可以分为木质、高强塑料材质、合金材料、钢铁材料、碳素纤维及火山岩等几种，其中以铝合金及碳素纤维材质的脚架最为常见。

▲ 三脚架（左）与独脚架（右）

铝合金脚架的价格较便宜，但重量较重，不便于携带；碳素纤维脚架的档次要比铝合金脚架高，便携性、抗震性、稳定性都很好，在经济条件允许的情况下，是非常理想的选择。碳素纤维脚架的缺点是价格很高，往往是相同档次铝合金脚架的好几倍。

另外，根据支脚数量可把脚架分为三脚与独脚两种。三脚架用于稳定相机，甚至在配合快门线、遥控器的情况下，可实现完全脱机拍摄；而独脚架的稳定性能要弱于三脚架，主要是起支撑的作用，在使用时需要摄影师来控制独脚架的稳定性，由于其体积和重量都只有三脚架的 1/3，所以无论是旅行还是日常拍摄携带都十分方便。

云台的分类

云台是连接脚架和相机的配件，用于调节拍摄的角度，包括三维云台和球形云台两类。三维云台的承重能力强、构图十分精准，缺点是占用的空间较大，在携带时稍显不便；球形云台体积较小，只要旋转按钮，就可以让相机迅速转到所需的角度，操作起来十分方便。

▲ 三维云台（左）与球形云台（右）

Q：在使用三脚架的情况下怎样做到快速对焦？

A：使用三脚架拍摄时，通常是确定构图后相机就固定在三脚架上不再调整了，可是在这样的情况下，想要对焦之后锁定对焦点再微调构图的方式便无法实现了。因此，建议先使用单次自动对焦模式对画面进行对焦，然后再切换成手动对焦模式，只要手动调节对焦点在对焦区域的范围内，就可以实现准确对焦。即使构图做了一些调整，焦点也不会轻易改变。不过需要注意的是，变焦镜头在变焦后会导致焦点偏移，所以变焦后需要重新对焦。

外置闪光灯

要在光线较暗的环境中拍出曝光正常、主体清晰的照片，最常用的附件就是闪光灯，尼康公司为不同定位的群体提供了多种不同性能的闪光灯，例如 SB-900、SB-700、SB-600、SB-400、SB-R200 等。下面将以 SB-900 闪光灯为例，讲解其基本结构。

认识闪光灯的基本结构

❶ 液晶显示屏
显示及设置闪光灯的参数

❷ 功能按钮
利用这 3 个按钮，根据所选择的模式以及设置的参数，可以实现不同的功能

❸ 闪光模式按钮
按下此按钮，可在自动和手动闪光模式之间进行切换

❹ 变焦按钮
按下此按钮，可以调整焦点的范围

❺ 固定座锁定杆
将闪光灯安装在相机上以后，可以将其拧至 L 位置上，以固定闪光灯

❻ 闪光灯头倾斜角度刻度
表示当前闪光灯在垂直方向上旋转的角度

❼ 闪光灯头倾斜/旋转松锁按钮
按下此按钮，可以调整闪光灯在水平及垂直方向上的角度

❽ 闪光灯测试按钮
按下此按钮，可进行闪光测试

❾ 旋转拨盘
在各个参数之间进行切换及选择

❿ 电源开关/无线设置开关
可控制闪光灯是否打开

⓫ OK按钮
确认功能的设置。按住此按钮一秒钟可显示自定义设置

❶ 内置反射板
将其抽出后，可用于防止光线向上发散，有利于塑造眼神光

❷ 闪光灯头
用于输出闪光光线；还可用于数据的无线传输

❸ 非TTL自动闪光传感器
用于自动设置相机的感光度及光圈

❹ 内置广角闪光散光板
使用 14~17mm（以 SB-900 为例）焦距拍摄时，使

用此散光板可减轻画面边缘（尤其是四角）的暗角

❺ 自动对焦辅助照明器
在弱光或低对比度环境中，此处将发射用于辅助对焦的光线

❻ 预备指示灯
用于指示闪光灯的状态

❼ 外接电源接口
打开这里的盖子，可以使用专用的接口，将闪光灯连接至外部的电源

使用尼康外置闪光灯

如果希望使用尼康专用的闪光灯，可以选择尼康 SB-900、SB-700、SB-600 这 3 款闪光灯，以及尼康 SB-R200 无线遥控闪光灯。

闪光灯型号	SB-900	SB-700	SB-600	SB-R200
外观图				
照明模式	标准、平均、中央重点	标准、平均、中央重点	标准、平均、中央重点	标准、平均、中央重点
闪光模式	TTL、自动光圈闪光、非TTL自动闪光、距离优先手动闪光、手动闪光、重复闪光	i-TTL、距离优先手动闪光、手动闪光	TTL、i-TTL、D-TTL、均衡补充闪光、手动闪光	TTL、i-TTL、D-TTL、手动闪光
闪光曝光补偿	±3，以1/3挡为步长进行调节	±3，以1/3挡为步长进行调节	±3，以1/3挡为步长进行调节	±3，以1/3挡为步长进行调节
闪光曝光锁定	支持	支持	支持	支持
高速同步	支持	支持	支持	支持
闪光指数	48（ISO200）	39（ISO200）	42（ISO200）	14（ISO200）
闪光范围（mm）	17~200（14mm需配合内置广角散光板）	14~120（14mm需配合内置广角闪光转换器）	14~85（14mm需配合内置广角闪光转换器）	约40
回电时间(s)	2.3~4.5	2.5~3.5	2.5~4	6
垂直角度(°)	向下-7、0；向上45、60、75、90	向下-7、0；向上45、60、75、90	向上0、45、60、75、90	向下0、15、30、45、60；向上15、30、45
水平角度(°)	左右旋转0、30、60、90、120、150、180	左右旋转0、30、60、90、120、150、180	向左旋转0、30、60、90、120、150、180；向右旋转30、60、90	—

SB-R200 无线遥控闪光灯主要用于微距摄影，在使用时由两支 SB-R200 闪光灯与 SU800 无线闪光灯控制器以及其他相关的附件组成一个完整的微距闪光系统，又称为 R1C1 套装。

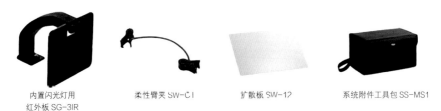

内置闪光灯用红外板 SG-3IR   柔性臂夹 SW-C1   扩散板 SW-12   系统附件工具包 SS-MS1

▲ R1C1 闪光系统的部分附件

闪光灯闪光模式

Nikon D780相机提供了**↯**（补充闪光）、**↯◉**（防红眼）、**⊘**（闪光灯关闭）、**↯SLOW**（慢同步）、**↯◉SLOW**（慢同步+红眼）、**↯REAR**（后帘同步）等多种闪光模式，但在不同的拍摄模式下，可选用的闪光模式也不尽相同。

例如，当使用P挡及A挡曝光模式时，可以选择所有的闪光模式；但当使用S挡及M挡曝光模式时，只能够选择补充闪光、防红眼、后帘同步及闪光灯关闭模式。

补充闪光模式↯

补充闪光会在相机快门刚开启的瞬间就开始闪光，也叫前帘同步，在大多数情况下推荐使用该模式。在程序自动和光圈优先模式下，快门速度将被自动设定为 1/200~1/60 秒（当使用自动 FP 高速同步时为 1/8000 ~1/60 秒）之间的值。

◼ 操作方法
按住↯按钮并旋转主指令拨盘选择所需的闪光模式。

防红眼闪光模式↯◉

使用闪光灯拍摄人像时，很容易产生"红眼"现象（即被摄人物的眼珠发红）。这是由于在暗光条件下，人的瞳孔处于较大的状态，在突然的强光照射下，视网膜后的血管被拍摄下来而产生"红眼"现象。

防红眼闪光模式的功能是，在主闪之前闪光灯会亮起1秒，使被摄者的瞳孔自动缩小，然后再正式闪光拍照，这样即可避免或减轻"红眼"现象。

▲ 未使用防红眼闪光灯模式拍摄的照片，可以看到模特的眼睛出现了"红眼"现象。

▲ 使用防红眼闪光模式拍摄的照片，模特眼睛部分没有出现"红眼"现象。『焦距：135mm ┊光圈：F5.6 ┊快门速度：1/320s ┊感光度：ISO200』

闪光灯关闭模式⊘

当受到环境限制不能使用闪光灯，或不希望使用闪光灯时，可选择闪光灯关闭模式。如在拍摄野生动物时，为了避免野生动物受到惊吓，应选择闪光灯关闭模式；又如，在拍摄1岁以下的婴儿时，为了避免伤害到婴儿的眼睛，也应禁止使用闪光灯。

此外，在拍摄舞台剧、会议、体育赛事、宗教场所、博物馆等题材时，也应该关闭闪光灯。

慢同步闪光模式 ⚡SLOW

在夜间拍摄人像时，使用补充闪光模式、防红眼闪光模式、闪光灯关闭模式都会出现主体人物曝光准确，而背景却一片漆黑的现象。而使用慢同步闪光模式时，相机在闪光的同时会设定较慢的快门速度，使主体人物身后的背景也能够获得充分曝光。

慢同步+红眼闪光模式 ⚡👁SLOW

慢同步与防红眼相结合的闪光模式，既可以获得充分曝光的画面，也可以使画面中人物没有红眼现象，拍摄夜景人像时适合使用此模式。

▶ 使用慢同步+红眼闪光模式拍摄时，不仅可以使主体的模特有很好的表现，就连背景漂亮的灯光也可以被表现得很好，这样拍摄出来的照片效果更自然、真实。『焦距：30mm┊光圈：F3.5┊快门速度：1/10s┊感光度：ISO100』

后帘同步闪光模式 ⚡REAR

使用此闪光模式时，闪光灯将在快门关闭之前进行闪光，因此，当进行长时间曝光形成光线拖尾时，此模式可以让拍摄对象出现在光线的上方；而如果使用前帘同步闪光模式，则拍摄对象将出现在光线的下方。

▶ 使用前帘同步闪光模式拍摄，使运动中的人像前方出现重影，看上去产生人在后退的错觉。『焦距：24mm┊光圈：F5.6┊快门速度：1/2s┊感光度：ISO640』

▲ 使用后帘同步闪光模式拍摄，可以使背景模糊而人像清晰，由于运动生成的光线拖尾在实像的后面，看上去更真实、自然。『焦距：38mm┊光圈：F5.6┊快门速度：1/2s┊感光度：ISO640』

闪光同步速度

当在Nikon D780相机上安装了外置闪光灯时，如果外置闪光灯支持高速同步功能，则可以使用高速闪光同步功能，它允许在任何快门速度下使用闪光灯。在明亮光线下拍摄人像或使用大光圈拍摄时，利用"闪光同步速度"选项可以选择大光圈、高速快门进行拍摄。设定步骤如右所示。

该菜单用于控制闪光同步速度，也就是闪光灯闪光的速度与快门速度的同步值。

● 1/200 秒（自动FP）：当在相机上安装了支持自动FP高速同步功能的闪光

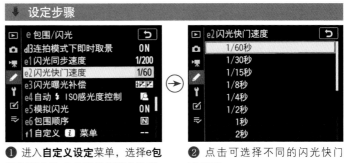

❶ 进入**自定义设定**菜单，选择e**包围/闪光**中的e1 **闪光同步速度**选项

❷ 点击选择所需快门速度选项

灯，那么相机自动（P和A模式下）或用户手动（S和M模式下）可选择最高达1/8000秒的快门速度。若安装了其他闪光灯，快门速度将设为1/200秒。

● 1/200 秒~1/60 秒：选择不同的选项，则相机的快门速度最高只能使用该选项所定义的数值。例如，选择1/80秒，则相机的最高快门速度只能达到1/80s。

闪光快门速度

如同拍摄不同的对象需要使用不同的快门速度一样，用闪光灯进行补光时，也可以根据需要选择不同的闪光快门速度。例如，如果希望以15秒的时间进行曝光，并使用闪光灯进行照明，则可以在此处选择15秒的闪光快门速度。设定步骤如右所示。

在Nikon D780中，该菜单用于设置在P挡程序自动模式或A挡光圈优先模式下，使用闪光灯拍摄时可使用的最低快门速度。闪光快门速度的取值范围为1/60~30秒。

❶ 进入**自定义设定**菜单，选择e**包围/闪光**中的e2 **闪光快门速度**选项

❷ 点击可选择不同的闪光快门速度值

 高手点拨：不论选择何种设定，在S挡快门优先模式和M挡全手动模式下，或者当闪光灯被设为慢同步、慢后帘同步或防红眼+慢同步模式时，快门速度可慢至30秒。

外置闪光灯使用高级技法

利用离机闪光灵活控制光位

当外置闪光灯在相机的热靴上无法自由移动的时候，摄影师就只有顺光一种光位可以选择，为了追求更多的光位效果，就需要把外置闪光灯从相机上取下来，即进行离机闪光。

要实现离机闪光，可以采取两种方法：一种是以内置闪光灯引闪外置闪光灯，这种方法经济、方便，但可控性较低；另一种是使用专业的无线闪光灯信号发射器如 SU-800，其功能很强大，可以同时引闪三组闪光灯。

▲ 专业的无线闪光灯信号发射器 SU-800 正面及背面

用跳闪方式进行补光拍摄

所谓跳闪，通常是指使用外置闪光灯时，通过反射的方式将光线反射到被摄对象上，最常用于室内或有一定遮挡的人像摄影中，这样可以避免直接对被摄对象进行闪光，从而造成光线太过生硬，且容易形成没有立体感的平光效果。在室内拍摄人像时，常常通过调整闪光灯的照射角度，让其向着房间的顶棚进行照射，然后将光线反射到人物身上，这在人像、现场摄影中是最常见的一种补光形式。

◀ 跳闪补光示意图

▶ 用闪光灯向屋顶照射光线，使之反射到人物身上进行补光，以降低画面的光比，使人物的皮肤更加细腻、柔和。『焦距：50mm ┊光圈：F10┊快门速度：1/125s┊感光度：ISO100』

▲ 使用离机闪光，不仅能够使光位更灵活，还能够为画面增加趣味。『焦距：50mm┊光圈：F1.4┊快门速度：1/320s┊感光度：ISO250』

消除广角拍摄时产生的阴影

在使用闪光灯为使用广角焦距拍摄的对象进行补光时，对象很可能会超出闪光灯的补光范围，因此就可能产生一定的阴影或暗角效果，此时将闪光灯上面的内置广角散光板拉下来，就可以基本清除阴影或暗角问题。

▲ 广角散光板

▲ 此照片是收回内置广角散光板后拍摄的效果，由于已经超出了闪光灯的广角照射范围，因此形成了较重的阴影及暗角，非常影响画面的表现。

▲ 这幅照片则是拉下内置广角散光板后使用24mm焦距拍摄的结果，可以看出画面四角的阴影及暗角并不明显。『焦距：24mm ┆光圈：F9 ┆快门速度：1/100s ┆感光度：ISO100』

柔光罩：让光线变得柔和

柔光罩是专用于闪光灯上的一种硬件设备，直接使用闪光灯拍摄会产生比较生硬的光照，而使用柔光罩后，可以让光线变得柔和——当然，光照的强度也会随之变弱，可以使用这种方法为拍摄对象补充自然、柔和的光线。

在内置和外置闪光灯上都可以添加柔光罩，其中外置闪光灯的柔光罩类型比较多，比较常见的有肥皂盒形、碗形柔光罩等，配合外置闪光灯强大功能，可以更好地进行照亮或补光处理。

▲ 外置闪光灯的柔光罩

▶ 将闪光灯及柔光罩搭配使用时，为人物进行补光后拍摄的效果，可以看出画面中的光线非常柔和、自然。『焦距：35mm ┆光圈：F2.8 ┆快门速度：1/50s ┆感光度：ISO100』

第 11 章 Nikon D780
人像摄影技巧

正确测光拍出人物细腻皮肤

对于人像摄影而言，皮肤是非常重要的表现内容，而要表现细腻、光滑的皮肤，测光是非常重要的一步工作。准确地说，拍摄人像时应采用中央重点测光或点测光模式，对人物的皮肤进行测光。

如果是在午后的强光环境下，建议还是找有阴影的地方进行拍摄，如果环境条件不允许，那么可以对皮肤的高光区域进行测光，并对阴影区域进行补光。

在室外拍摄时，如果光线比较强烈，可以以人物的面部皮肤作为曝光的依据，适当增加半挡或 2/3 挡的曝光补偿，让皮肤获得足够的光照而显得光滑、细腻。而其他区域的曝光可以不必太在意，因为相对其他部位来说，女孩子更在意自己的面部皮肤如何。

▶ 使用点测光模式对人物脸部皮肤进行测光，获得了白皙的肤色。『焦距：50mm ┊ 光圈：F2.8 ┊ 快门速度：1/500s ┊ 感光度：ISO200』

用大光圈拍出虚化背景的人像

大光圈在人像摄影中起到非常重要的作用，可得到浅景深的漂亮的虚化效果，同时，它还可以帮助我们在环境光线较差的情况下使用更高的快门速度进行拍摄。

▶ 使用大光圈拍摄的画面，稍微曝光过度的背景使画面整体更加明亮，也简化了不必要的细节，使人物在画面中显得更加突出。『焦距：85mm ┊ 光圈：F2.8 ┊ 快门速度：1/500s ┊ 感光度：ISO160』

用广角镜头拍摄视觉效果强烈的人像

使用广角或超广角镜头拍摄的照片都会有不同程度的变形，如果要拍摄写实人像，则应该避免使用广角镜头。但如果希望得到更有个性的人像照片，则可以考虑使用广角镜头进行拍摄。

首先，利用广角镜头的变形特性可以修饰模特的身材，在拍摄时只需要将模特的腿部安排在画面的下三分之一处，就能够使其看上去更修长。

其次，可以利用广角镜头透视变形的特性来增强画面的张力与冲击力。

使用镜头的广角端拍摄人像时，应注意如下两点：

1. 拍摄时要距离模特比较近，这样才可以充分发挥广角端的特性。如果使用广角端拍摄时离模特太远，会使主体显得不够突出，且带入太多背景也会使画面显得杂乱。

2. 使用广角镜头拍摄比较容易出现暗角现象，素质越高的镜头则这种现象越不明显。在拍摄时应注意为后期修饰留出较大空间。另外，在为广角镜头搭配遮光罩时，应该使用专用的遮光罩，并注意不要在广角全开时使用，从而避免由于遮光罩的原因而产生的暗角问题。

▲ 使用 18mm 广角镜头靠近模特进行拍摄，模特的身体得到了拉伸，使模特的身材看起来更加修长。『焦距：18mm ¦ 光圈：F8 ¦ 快门速度：1/320s ¦ 感光度：ISO100』

Nikon D780

Q：在树荫下拍摄人像时怎样还原出正常的肤色？

A：在树荫下拍摄人像时，树叶所形成的反射光可能会在人脸上形成偏绿、偏黄的颜色，影响画面效果。

那么如何还原出正常的肤色呢？其实只需一个反光板即可。在拍摄时选择一个大尺寸的白色反光板，并尽量靠近被摄人像对其进行补光，使反光效果更明显的同时，还能够有效地屏蔽掉其他反射光，避免多重颜色覆盖的现象，以还原出人物柔和、白皙的肤色。

三分法构图拍摄完美人像

　　简单来说，三分法构图就是黄金分割法的简化版，是人像摄影中最为常用的一种构图方法，其优点是能够在视觉上给人以愉悦和生动的感受，避免人物居中的呆板感觉。Nikon D780 在即时取景和取景器状态下都提供了网格线显示功能，我们可以将它与黄金分割曲线完美地结合在一起使用。

◀ 将人物放在靠左边的三分线处，画面显得简洁又不失平衡，同时虚化的背景也更好地突出了人物甜美的气质。『焦距：35mm ┊ 光圈：F2.8 ┊ 快门速度：1/125s ┊ 感光度：ISO125 』

　　对于纵向构图的人像而言，通常以眼睛作为三分法构图的参考依据，当然，随着拍摄面部特写到全身像的范围变化，构图的标准也略有不同。

◀ 在对人物头部进行特写构图时，通常会将人物面部置于上面第1条网格横线附近。『焦距：85mm ┊ 光圈：F5.6 ┊ 快门速度：1/60s ┊ 感光度：ISO200 』

使用 S 形构图表现女性柔美的身体曲线

在现代人像拍摄中，尤其是人体摄影中，S 形构图越来越多地用来表现女性身体的线条感。S 形构图中线条朝哪个方向弯曲以及弯曲的力度都是有讲究的（弯曲的力度越大，表现出来的力量也就越大）。所以，在人像摄影中，用来表现身体曲线的 S 形线条的弯曲程度都不会太大，否则被摄对象要很用力，从而影响身体其他部位的表现。

▶ 模特采用侧身站立的姿势较好地表现出了其身体的 S 形曲线。『焦距：135mm ┆光圈：F2.8 ┆快门速度：1/500s ┆感光度：ISO100』

用侧逆光拍出唯美人像

在拍摄女性人像时，为了将她们美丽的头发从繁纷复杂的场景中分离出来，常常需要借助低角度的侧逆光来制造漂亮的头发光，以增加其妩媚动人感。

如果在自然光环境中，拍摄时间应该选择下午 5 点左右，这时太阳西沉，距离地平线相对较近，因此角度较低，拍摄时让模特背侧向太阳，使阳光以斜向上 45 度的方向照向模特，即可形成漂亮的头发光。美丽的发丝会在光线的照耀下散发着金色的光芒，其质感、发型样式都得到完美表现，使模特看起来更漂亮。

由于背侧向光线，因此需要借助反光板或闪光灯为人物正面进行补光，以表现其光滑细嫩的皮肤。

▶ 侧逆光在模特身上形成了好看的轮廓光，也使其与背景分离，在拍摄时为了避免背光的面部过暗，使用了大面积反光板为模特补光。『焦距：50mm ┆光圈：F3.2 ┆快门速度：1/1000s ┆感光度：ISO200』

逆光塑造人像剪影效果

　　在运用逆光拍摄人像时，由于在纯逆光的照射下，画面会呈现出被摄体黑色的剪影，因此逆光常常作为塑造剪影效果的首选光线。而在配合其他光线使用时，被摄体背后的光线和其他光线会产生强烈的明暗对比，从而勾勒出人物美妙的线条。也正是因为逆光具有这种艺术效果，因此逆光也被称为"轮廓光"。

　　通常采用这种手法拍摄户外人像，测光时应该使用点测光对准天空较亮的云彩进行测光，以确保天空中云彩有细腻丰富的细节，主体人物的轮廓线条清晰、优美。

▶ 逆光拍摄时，使用点测光模式对亮处测光可得到剪影效果的人像，以暖调的夕阳为背景，画面给人一种温馨的感觉。『焦距：135mm ┊光圈：F8 ┊快门速度：1/1250s ┊感光度：ISO100』

中间调记录真实自然的人像

　　中间调的明暗分布没有明显的偏向，画面整体趋于一个比较平衡的状态，在视觉感受上也没有过于轻快或凝重的感觉。

　　中间调是最常见也是应用最广泛的一种影调形式，在拍摄时也是最简单的，只要保证环境光线比较正常，并设置好合适的曝光参数即可。

▶ 无论是艺术写真还是日常记录，中间调都是我们最常用的影调形式。『焦距：135mm ┊光圈：F2 ┊快门速度：1/125s ┊感光度：ISO200』

高调风格适合表现艺术化人像

　　高调人像的画面影调以亮调为主，暗调部分所占比例非常小，较常用于女性或儿童人像照片，且多用于偏向艺术化的视觉表现。

　　在拍摄高调人像时，模特应该穿白色或其他浅色的服装，背景也应该选择相匹配的浅色，并在顺光环境下进行拍摄，以利于画面的表现。如果在影棚内拍摄，应该用有柔光效果的照明灯，以获得较小的光比并减少阴影面积，从而形成高调画面效果。

📷 **高手点拨**：为了避免高调画面给人苍白无力的感觉，要在画面中适当保留少量有力度的深色、黑色或艳色，例如，少量的阴影或其他一些深色的物体。在拍摄时要通过增加曝光补偿的方法增加曝光量，使画面更亮，从而获得高调效果。

▶ 采用高调风格拍摄的写真照片，干净的画面使模特看起来非常清纯、甜美。『焦距：35mm ┊ 光圈：F5.6 ┊ 快门速度：1/200s ┊ 感光度：ISO100』

低调风格适合表现个性化人像

　　与高调人像相反，低调人像的影调构成以较暗的颜色为主，基本由黑色及部分中间调颜色组成，亮部所占的比例较小。

　　在拍摄低调人像时，除了要求模特穿着深暗色的服饰以避免大面积的白色或浅色出现在画面中外，还要求用大光比光线，如逆光或侧逆光。在这样的光线照射下，可以将被摄人物隐没在黑暗中，但同时又勾勒出被摄人物的优美轮廓，形成低调画面。

　　在获得测光读数后，通常需要做负向曝光补偿以减少曝光量，使画面变暗，从而获得低调人像照片。在测光时，应优先使用点测光模式，以便获得准确曝光。

　　在室内或影棚中拍摄低调人像时，根据要表现的内容，通常布置1~2盏灯，正面光通常用于表现深沉、稳重的人像，侧光常用于突出人物的线条，而逆光则常用于表现人物的形体造型或头发（即形成发丝光）。

夕阳的余晖为低调的画面增添了色彩，跃起的剪影人像形体很美，也很有动感。『焦距：35mm ┊ 光圈：F10 ┊ 快门速度：1/250s ┊ 感光度：ISO200』

为人物补充眼神光

眼神光是指运用光照使人物眼球上形成微小光斑，从而使人物的眼神更加传神生动。眼神光在刻画人物的神态时有不可替代的作用，其往往也是人像摄影的点睛之笔。

无论是什么样的光源，只要是位于人物面前且有足够的亮度，通常都可以形成眼神光。下面介绍几种制造眼神光的方法。

利用反光板制造眼神光

在所有制造眼神光的方法中，使用反光板是最为人所推崇的一种，原因就在于它便于控制，而且形成的眼神光较大且柔和。

眼神光板是中高端闪光灯才拥有的组件，尼康SB-800、SB-900这两款闪光灯都有此组件，平时可收纳在闪光灯的上方，在使用时将其抽出即可。眼神光板最大的功能就是借助闪光灯在垂直方向上可旋转一定角度的特点，将闪光灯射出的少量光线反射至人眼中，从而形成漂亮的眼神光，虽然其效果并非最佳（最佳的方法是使用反光板补充眼神光），但至少可以在一定程度上让眼睛更有神。

▲ 通过在模特前面安放反光板的方法，模特的眼睛中呈现出明亮的眼神光，使其眼睛看起来更加有神。『焦距：70mm ¦光圈：F2.8 ¦快门速度：1/160s ¦感光度：ISO100』

利用窗户光制造眼神光

在拍摄人像时，最好使用超过肩膀的窗户照进来的光线制造眼神光，根据窗户的形态及大小的不同，可形成不同效果的眼神光。

利用来自窗户的光线为模特增加眼神光时，如果来自窗户的光线不够明亮，可以通过在窗户外面安放离机闪光灯的方法为模特增强眼神光的效果。

▲ 在窗前拍摄既可以得到充足的光线，也可以为人物的眼睛补充眼神光，使画面看起来十分生动、自然。『焦距：35mm │光圈：F2.8 │快门速度：1/250s │感光度：ISO100 』

利用闪光灯制造眼神光

利用闪光灯也可以制造眼神光效果，但光点较小。多灯会形成多个眼神光，而单灯会形成一个眼神光，所以在人物摄影中，通过布光的方法制造眼神光时，所使用的闪光灯越少越好，一旦形成大面积的眼神光，反而会使人物显得呆板，不利于人物神态的表现，更起不到画龙点睛的作用。

▶ 使用闪光灯为人物补充眼神光，明亮的眼神光使人物变得很有精神，模特熠熠闪亮的眼睛成了画面的焦点。『焦距：35mm │光圈：F7.1 │快门速度：1/200s │感光度：ISO100 』

禁用闪光灯以保护儿童的眼睛

闪光灯的瞬间强光对儿童尚未发育成熟的眼睛有害，因此，为了他们的健康着想，拍摄时一定不要使用闪光灯。

在室外拍摄时通常比较容易获得充足的光线，而在室内拍摄时，应尽可能打开更多的灯或选择在窗户附近光线较好的地方，以提高光照强度，然后配合镜头的防抖功能及倚靠物体等方法，保持相机的稳定。

▲ 选择在窗户的旁边拍摄儿童，不仅能够使其眼睛中形成漂亮的眼神光，还可以避免使用闪光灯。『焦距：50mm ¦ 光圈：F2.8 ¦ 快门速度：1/125s ¦ 感光度：ISO200』

用玩具吸引儿童的注意力

儿童摄影非常重视道具的使用，这些东西能够吸引孩子的注意力，让他们表现出更自然、真实的一面。很多生活中经常看到的东西，只要符合孩子们的兴趣，都可以成为道具，这样拍摄出来的照片气氛更活跃，内容更丰富，也更有意思。

▶ 孩子看到玩具，简直就是爱不释手，抱起玩具就完全进入了自己的世界。『焦距：70mm ¦ 光圈：F7.1 ¦ 快门速度：1/160s ¦ 感光度：ISO400』

增加曝光补偿表现娇嫩肌肤

绝大多数儿童的皮肤都可以用"剥了壳的鸡蛋"来形容，在实际拍摄时，儿童的面部也是需要重点表现的部位，因此，好好表现儿童娇嫩的肌肤，就是每一个专业儿童摄影师甚至家长应该掌握的技巧。

首先，给儿童拍摄时应尽量使用散射光，在这样的光线下拍摄儿童，不会由于光比较大而出现浓重的阴影，儿童的皮肤看起来也更加柔和、细腻。

其次，可以在拍摄时增加曝光补偿，即在正常测光数值的基础上，适当地增加 0.3~1 挡的曝光补偿，这样拍摄出来的照片会更亮、更通透，儿童的皮肤也会显得更加粉嫩、白皙。

◀ 利用柔和的散射光拍摄并适当增加曝光补偿，使小孩的皮肤显得更加柔滑、娇嫩。『焦距：35mm ¦ 光圈：F5.6 ¦ 快门速度：1/100s ¦ 感光度：ISO100』

拍摄合影珍藏儿时的情感世界

儿童摄影对于情感的表达非常重要，儿童与玩具、父母、兄弟姐妹及玩伴之间的情感描绘，常常给人以温馨、美好的感受，是摄影师最喜爱的拍摄题材之一。

在拍摄玩伴之间充满童趣的画面时，由于拍摄对象已经由一个人变为两个甚至更多的人，有时可能一个人的表情很好，但其他人却不在状态。因此，如何把握住最恰当的瞬间进行拍摄，就需要摄影师拥有足够的耐心和敏锐的眼光，同时，也可以适当调动、引导孩子们的情绪，但注意不要太过生硬、明显，以免引起他们的紧张。

▶ 摄影师将镜头对准小女孩向羞怯的小男孩主动献吻的玩笑瞬间，记录下了儿童单纯而直接的情感世界，画面颇具趣味性。『焦距：85mm ¦ 光圈：F3.5 ¦ 快门速度：1/1250s ¦ 感光度：ISO200』

第 12 章
Nikon D780 风光摄影技巧

拍摄山峦的技巧

连绵起伏的山峦，是众多风光题材中最具视觉震撼力的一种。虽然拍摄出成功的山峦作品，背后要付出许多的辛劳和汗水，但还是有非常多的摄影师乐此不疲。

不同角度表现山峦的壮阔

拍摄山峦最重要的是要把雄伟壮阔的整体气势表现出来。"远取其势，近取其貌"的方法非常适合拍摄山峦。要突出山峦的气势，就要尝试从不同的角度去拍摄，如诗中所说的"横看成岭侧成峰，远近高低各不同"，所以必须寻找一个最佳的拍摄角度。

采用最多的角度无疑还是仰视，以表现山峦的高大、耸立。当然，如果身处山峦之巅或较高的位置，则可以采取俯视的角度表现"一览众山小"之势。

另外，平视也是采取较多的拍摄角度，这种视角下拍摄出的山峦比较容易形成三角形构图，从而表现其连绵壮阔与耸立的气势。

用云雾表现山的灵秀飘逸

高山与云雾总是相伴相生，各大名山的著名景观中多有"云海"，例如在黄山、泰山、庐山都能够拍摄到很漂亮的云海照片。当云雾笼罩山体时，山的形体就会变得模糊不清，部分细节被遮挡住，于是朦胧之中产生了一种不确定感。拍摄这样的山脉，会使画面产生一种神秘、缥缈的意境，山脉也因此变得更加灵秀飘逸。

如果只是拍摄飘过山顶或半山的云彩，选择合适的天气即可，高空的流云在风的作用下，会在山间产生时聚时散的效果，拍摄时多采用仰视的角度。

如果拍摄的是山间云海的效果，应该注意选择较高的拍摄位置，以至少平视的角度进行拍摄，在选择光线时应该采用逆光或侧逆光，同时注意对画面做正向曝光补偿。

▲ 摄影师位于较低位置仰视拍摄大山，山体自身的纹理很好地突出了其高耸的气势。『焦距：70mm ┆光圈：F10 ┆快门速度：1/250s ┆感光度：ISO400』

▲ 山间飘浮的云雾使原来单调的山体变得秀气，画面有一种神秘、缥缈的意境。『焦距：18mm ┆光圈：F14 ┆快门速度：1/250s ┆感光度：ISO200』

用前景衬托山峦表现季节之美

在不同的季节里，山峦会呈现出不一样的景色。

春天的山峦在鲜花的簇拥之下，显得美丽多姿；夏天的山峦被层层树木和小花覆盖，显示出大自然强大的生命力；秋天的红叶使山峦显得浪漫、奔放；冬天山上大片的积雪又让人感到寒冷和宁静。可以说四季之中，山峦各有美感，只要寻找合适的拍摄角度即可。

在拍摄不同时节的山峦时，要注意通过构图方式、景别选择、前景或背景衬托等手段表现出山峦的特点。

▲ 前景中黄色的草地与树林说明了现在正值深秋，画面给人以秋色浓郁的感觉。『焦距：100mm ┊ 光圈：F10 ┊ 快门速度：1/320s ┊ 感光度：ISO200』

用光线塑造山峦的雄奇伟峻

在有直射阳光的时候，用侧光拍摄有利于表现山峦的层次感和立体感，明暗层次使画面更加富有活力。如果出现日照金山的光线，更是不可多得的拍摄良机。

采用侧逆光并对亮处进行测光，拍摄山体的剪影照片，也是一种不错的表现山峦的方法。在侧逆光的照射下，山体往往有一部分处于阴影之中，还有一部分处于光照之中，因此不仅能够表现出山体明显的轮廓线条和少部分细节，还能够在画面中形成漂亮的明暗对比，比逆光更容易出效果。

▲ 夕阳时分，采用侧逆光拍摄嶙峋的群山，山体呈现出层层叠叠的剪影效果，增强了画面的层次感。『焦距：50mm ┊ 光圈：F8 ┊ 快门速度：1/40s ┊ 感光度：ISO200』

Q：如何拍出色彩鲜艳的图像？

A：可以在"优化校准"菜单中选择色彩表现较为鲜艳的"风光"选项。

如果想要使色彩看起来更为艳丽，可以提高"饱和度"选项的数值；另外，提高"对比度"选项的数值也会使照片的色彩更为鲜艳。不过需要注意的是，在调节数值时不能改变过大，否则会出现色彩失真的现象，导致画面细节损失。

拍摄树木的技巧

以逆光表现枝干的线条

在拍摄树木时，可将树干作为画面突出呈现的重点，采用较低机位的仰视视角进行拍摄，以简练的天空作为画面背景，在其衬托之下重点表现枝干的线条造型。这样的照片往往有较大的光比，因此多采用逆光进行拍摄。

▶ 摄影师采用剪影的形式对树木独具特色的外形特征进行了重点表现，给人留下了十分深刻的印象。『焦距：28mm ┆ 光圈：F5.6 ┆ 快门速度：1/400s ┆ 感光度：ISO100』

仰视拍摄表现树木的挺拔与树叶的通透美感

采用仰视的角度拍摄树木，有以下两个优点：

1. 如果拍摄时使用的是广角端镜头，可以在画面中获得树木向中间汇聚的奇特视觉效果，大大增强了画面的新奇感；即使未使用广角端镜头，也能够拍摄出树梢直插蓝天或树冠遮天蔽日的效果。

2. 可以借助蓝天背景与逆光照射，拍摄出背景色彩纯粹、质感通透的树叶，在拍摄时应该对树叶中比较明亮的区域测光，从而使这部分区域得到正确曝光，而树干则会在画面中以阴影线条的形式出现。拍摄时还可以尝试做正向曝光补偿，以增强树叶的通透质感。

▲ 采用仰视角度拍摄树木，强化了树木形体的高大和向上的纵深感，将树木高耸入云的形态表现得很突出。『焦距：24mm ┆ 光圈：F8 ┆ 快门速度：1/250s ┆ 感光度：ISO500』

拍摄树叶展现季节之美

　　树叶也是无数摄影师喜爱的拍摄题材之一，无论是金黄色的还是火红色的树叶，总能够在恰当的对比下展现出异乎寻常的美丽。如果希望表现漫山红遍、层林尽染的整体气氛，应该用广角端镜头；而长焦端镜头则适用于对树叶进行局部特写表现。由于拍摄树叶的重点是表现其颜色，因此拍摄时应该注意画面的背景色选择方面，要以最恰当的背景色来对比或衬托树叶。

　　想要拍出漂亮的树叶，最好的季节是夏天或秋天。夏季的树叶茂盛而翠绿，拍摄出的照片充满生机与活力；如果在秋天拍摄，由于树叶呈现灿烂的金黄色或火红色，能够给人一种强烈的丰收喜悦感。

▶ 火红的树叶有种秋意浓浓的感觉，可以通过适当减少曝光补偿来增加色彩饱和度，从而突出其强烈的季节感。『焦距：35mm ┊光圈：F9 ┊快门速度：1/250s ┊感光度：ISO200』

捕捉林间光线使画面更具神圣感

　　当阳光穿透树林时，由于被树叶及树枝遮挡，因此会形成一束束透射林间的光线，这种光线被摄友称为"耶稣圣光"，能够为画面增加神圣感。

　　要拍摄这样的题材，最好选择早晨及近黄昏时分，此时太阳光线斜射进树林中，能够获得最好的画面效果。在实际拍摄时，可以迎着光线，以逆光形式进行拍摄；也可与光线平行，以侧光形式进行拍摄。在曝光方面，可以以林间光线的亮度为准拍摄出暗调照片，以衬托林间的光线；也可以在此基础上，增加 1~2 挡曝光补偿，使画面多一些细节。

▶ 穿透林木的光线呈发散状，增添了神圣感，也使画面呈现出强烈的形式美感。『焦距：35mm ┊光圈：F10 ┊快门速度：1/15s ┊感光度：ISO100』

拍摄花卉的技巧

用水滴衬托花朵的娇艳

　　在早晨的花园、森林中能够发现无数出现在花瓣、叶面、枝条上的露珠，在阳光下显得晶莹闪烁、玲珑可爱。拍摄带有露珠的花朵，能够表现出花朵的娇艳与清新的自然感。

　　要拍摄带有露珠的花朵，最好使用微距镜头并以特写的景别，使分布在叶面、叶尖、花瓣上的露珠不但给人一种滋润的感觉，还能够在画面中形成奇妙的光影效果。景深范围内的露珠清晰明亮、晶莹剔透；而景深外的露珠却形成一些圆形或六角形的光斑，装饰、美化着背景，给画面平添几分情趣。

　　如果没有拍摄露珠的条件，也可以用喷壶对着花朵喷几下，从而使花瓣上沾满水珠。

▲ 雨过天晴之后的花朵上落满了水珠，清新动人，大小不一、晶莹剔透的水珠将花朵点缀得倍显娇艳，使画面看起来更富有生机。『焦距：70mm ┊ 光圈：F4 ┊ 快门速度：1/100s ┊ 感光度：ISO125』

拍出有意境和富神韵的花卉

　　意境是中国古典美学中一个特有的概念，反映在花卉摄影中，指拍摄者的花卉作品中的思想情感与客观景象交融而产生的一种境界。意境的形成与拍摄者的主观意识、文化修养及情感境遇密切相关，花卉的外形、质感乃至影调、色彩等视觉因素都可能触发拍摄者的联想，因而意境的流露常常伴随着拍摄者丰富的情感，在表达上多采用移情于物或借物抒情的手法。我国古典诗词中有很多脍炙人口的咏花诗句，例如"墙角数枝梅，凌寒独自开""短短桃花临水岸，轻轻柳絮点人衣""冲天香阵透长安，满城尽带黄金甲"，将类似的诗句熟记于心，以便在看到相应的场景时就能引发联想，以物抒情，使作品具有诗境。

▲ 以独具新意的角度拍摄水中荷花的倒影，让人觉得好像在看画出来的花，整个画面给人一种婉约的古典美感。『焦距：70mm ┊ 光圈：F5 ┊ 快门速度：1/200s ┊ 感光度：ISO100』

选择最能够衬托花卉的背景颜色

在花卉摄影中，背景色作为画面的重要组成部分，起到烘托主体、丰富作品内涵的积极作用。不同的颜色给人不一样的感觉，对比强烈的色彩会使主体与背景间的对比关系更加突出，而和谐的色彩搭配则让人有惬意、祥和之感。

通常可以采取深色、浅色、蓝天3种背景拍摄花卉。使用深色或浅色背景拍摄花卉的视觉效果极佳，画面中蕴含着一种特殊的氛围。其中又以最深的黑色与最浅的白色背景最为常见，黑色背景使花卉显得神秘，主体非常突出；白色背景的画面显得简洁，给人一种很纯洁的视觉感受。

拍摄背景全黑的花卉照片的方法有两种：一是在花朵后面安排一张黑色的背景布；二是如果被摄花朵正好处于受光较好的位置，而背景的光线不充足，此时使用点测光模式对花朵亮部进行测光，也能拍摄到背景几乎全黑的照片。

如果所拍摄花卉的背景过于杂乱，或者要拍摄的花卉面积较大，无法通过放置深色或浅色布或板子的方法进行拍摄，则可以考虑采用仰视角度，以蓝天为背景进行拍摄，以使画面中的花卉在蓝天的映衬下显得干净、清晰。

逆光拍出具透明感的花瓣

逆光拍摄花卉时，可以清晰地勾勒出花朵的轮廓。如果所拍摄的花瓣较薄，则光线能够透过花瓣，使其呈现出透明或半透明效果，从而更细腻地表现出花的质感、层次和纹理。拍摄时要用闪光灯、反光板进行适当的补光处理，并对透明的花瓣以点测光模式测光，以花瓣的亮度为基准进行曝光。

▲ 浅色的背景衬托着粉色的花卉，拍摄时为了使画面显得清新、淡雅，增加了1挡曝光补偿。『焦距：90mm ┊光圈：F4 ┊快门速度：1/40s ┊感光度：ISO200』

▲ 以干净的蓝天为画面的背景，更突出了杏色的樱花，给人清新、自然的感觉。『焦距：50mm ┊光圈：F8 ┊快门速度：1/500s ┊感光度：ISO320』

▲ 采用逆光拍摄的角度，花瓣在暗色的衬托下呈现出好看的半透明效果。『焦距：85mm ┊光圈：F5.6 ┊快门速度：1/1000s ┊感光度：ISO250』

拍摄溪流与瀑布的技巧

用不同快门速度表现不同感觉的溪流与瀑布

要拍摄出如丝绸般质感的溪流与瀑布，拍摄时应使用较慢的快门速度。为了防止曝光过度，应使用较小的光圈来拍摄，并安装中灰滤镜，这样拍摄出来的瀑布是流畅的，就像丝绸一般。

由于使用的快门速度很慢，所以拍摄时要使用三脚架。除了采用慢速快门拍出如丝绸般的质感外，还可以使用高速快门凝固瀑布或水流跌落的美景，虽然谈不上有大珠小珠落玉盘之感，却也能很好地表现出瀑布的势差与水流的奔腾之势。

▲ 采用高速快门拍摄的瀑布，水花都定格在画面中，给人以气势磅礴的感觉。『焦距：24mm ┆ 光圈：F7.1 ┆ 快门速度：1/640s ┆ 感光度：ISO200』

通过对比突出瀑布的气势

在没有对比的情况下，很难通过画面直观判断一个事物的体量，因此，如果在拍摄瀑布时希望表现出瀑布宏大的气势，就应该在画面中加入容易判断大小体量的画面元素，从而通过大小对比来凸显瀑布的气势，最常见、常用的元素就是瀑布周边的游客或小船。

▲ 通过与前景的对比，观者感受到了瀑布宏大的气势。『焦距：24mm ┆ 光圈：F6.3 ┆ 快门速度：1/800s ┆ 感光度：ISO100』

拍摄湖泊的技巧

拍摄倒影使湖泊更显静逸

　　蓝天、白云、山峦、树林等都会在湖面上形成美丽的倒影，在拍摄湖泊时可以采取对称构图的方法，将水平面放在画面中的中间位置，画面的上半部分为天空，下半部分为倒影，从而使画面显得更加具有对称美。也可以按三分法构图原则，将水平面放在画面的上三分之一或下三分之一位置，使画面更富有变化。

　　要在画面中展现美妙的倒影，在拍摄时要注意以下几点：

　　1. 波动的水面不会展现完美倒影，因此应选择在风很小的时候进行拍摄，以保持湖面的平静。

　　2. 在画面中能够表现多少水面的倒影，与拍摄角度有关，角度越低，映入镜头的倒影就越多。

　　3. 逆光与侧逆光是表现倒影的首选光线，应尽量避免使用顺光或顶光拍摄。

　　4. 在倒影存在的情况下，应该适当增加曝光补偿，以使画面的曝光更准确。

▲ 使用对称式构图拍摄，树木、山峰与水中的倒影形成虚实对比，使湖面显得更加宁静、和谐。『焦距：18mm ┊光圈：F11 ┊快门速度：1/400s ┊感光度：ISO100』

选择合适的陪体使湖泊更有活力

　　在拍摄湖泊时，应适当选取岸边的景物作为衬托，如湖边的树木、花卉、岩石、山峰等，如果能够以飞鸟、游人、小船等运动的对象作为陪体，能够使平静的湖面充满生机，也更具活力。

▲ 旁边的树木、草丛及倒影使湖泊显得更加静逸，湖面上游弋的天鹅为湖泊增添了活力与生机。『焦距：135mm ┊光圈：F13 ┊快门速度：1/400s ┊感光度：ISO100』

拍摄雾霭景象的技巧

雾气不仅增强了画面的透视感，还赋予了照片朦胧的气氛，使照片具有别样的诗情画意。一般来说，由于浓雾天气的能见度较差，透视性不好，因此通常应选择薄雾天气拍摄雾景。薄雾的湿度较低，能见度和光线的透视性都比浓雾好很多，在薄雾环境中，近景可以较清晰地呈现在画面中，而中景和远景要么被雾气所完全掩盖，要么就在雾气中若隐若现，有利于营造神秘的氛围。

调整曝光补偿使雾气更洁净

在顺光或顶光照射下，雾会产生强烈的反射光，容易使整个画面显得苍白，色泽较差且没有质感。而采用逆光、侧逆光或前侧光拍摄，更有利于表现画面的透视感和层次感，通过画面中的光与影营造出一种更飘逸的意境。因此，雾景适宜用逆光或侧逆光来表现，逆光或侧逆光还可以使画面远处的景物呈现为剪影效果，从而使画面更有空间感。

在选择了正确的光线后，还需要适当调整曝光补偿，因为雾是由许多细小的水珠构成的，可以反射大量的光线，所以雾景的亮度较高，因此根据白加黑减的曝光补偿原则，通常应该增加 1/3~1 挡的曝光补偿。

调整曝光补偿时，还要考虑所拍摄场景中雾气的面积这个因素，面积越大意味着场景越亮，就越应该增加曝光补偿；若面积很小，则不必增加曝光补偿。

▲ 增加曝光补偿使雾气更加洁白，并与若隐若现的梯田形成了虚实对比，使画面显得更加神秘、飘逸。『焦距：28mm ┊光圈：F7.1 ┊快门速度：1/200s ┊感光度：ISO400』

善用景别使画面更有层次

由于雾气对光有强烈的散射作用，雾气中的景物具有明显的空气透视效果，因此越远处的景物看上去越模糊。如果在构图时充分考虑这一点，就能够使画面具有明显的层次感。

因为雾气属于亮度较高的景物，因此当画面中存在暗调景物并与雾气相互交织时，能够使画面具有明显的层次和对比。

要做到这一点，首先应该选择用逆光进行拍摄，其次在构图时应该利用远景来衬托前景与中景，利用光线造成的前景、中景、远景之间的色调对比，使画面更具有层次。

▲ 在缭绕的雾气笼罩下，水面的倒影、雾气环绕的建筑和山脉，以及蓝天、白云，分别以程度不同的明暗色调出现在画面中，画面的层次十分丰富，使观者能够强烈地感受到画面广袤的空间感。『焦距：35mm ┊ 光圈：F8 ┊ 快门速度：1/500s ┊ 感光度：ISO200』

拍摄日出、日落的技巧

日出、日落是许多摄影师最喜爱的拍摄题材之一，获奖的摄影作品中也不乏以此为拍摄主题的照片，但由于太阳是非常明亮的光源，无论是对其测光还是曝光都有一定的难度，因此，如果不掌握一定的拍摄技巧，很难拍摄出漂亮的日出、日落照片。

选择正确的曝光参数是拍摄成功的开始

拍摄日出、日落时，较难掌握的是曝光控制。日出、日落时，天空和地面的亮度反差较大，如果对太阳测光，太阳及其周围的层次和色彩会有较好的表现，但会导致云彩、天空和地面上的景物因曝光不足而呈现出一片漆黑的景象；对地面上的景物测光，会导致太阳和周围的天空因曝光过度而失去色彩和层次。

正确的曝光方法是使用中心测光模式，对太阳附近的天空进行测光，这样既不会导致太阳曝光过度，而天空中的云彩及地面景物也有较好的表现。

▲ 波光粼粼的水面丰富了夕阳画面，拍摄时适当减少曝光补偿，使波光更明显。『焦距：200mm ┊ 光圈：F10 ┊ 快门速度：1/125s ┊ 感光度：ISO100』

用云彩衬托太阳使画面更辉煌

拍摄日出、日落时，云彩是很重要的表现对象，无论是日在云中还是云在日旁，在太阳的照射下，云彩都会表现出异乎寻常的美丽色彩，从云彩中间或旁边透射出来的光线更应该是重点表现的对象。因此，拍摄日出、日落的最佳季节是春、秋两季，此时云彩较多，可增强画面的艺术感染力。

▶ 云彩呈放射状，被阳光染成金黄色，画面看起来很有气势，张力十足。『焦距：18mm ┊ 光圈：F8 ┊ 快门速度：1/125s ┊ 感光度：ISO100』

用合适的陪体为照片添姿增色

从画面构成来讲，拍摄日出、日落时，不要直接将镜头对着天空，这样拍摄出的照片太过于单调。拍摄时可以选择树木、山峰、草原、大海、河流等景物作为前景，以衬托日出、日落时特殊的氛围。尤其是以树木等景物作为前景时，树木可以呈现出漂亮的剪影效果。阴暗的前景能和较亮的天空形成鲜明的对比，从而增强画面的形式美感。

如果要拍摄的日出或日落的场景中有水面，可以在构图时选择天空、水面各占一半的形式，或者在画面中加大水面的区域，此时如果依据水面进行曝光，可以适当提高一挡或半挡曝光量，以抵消光线因水面折射而产生的损失。

▶ 画面中心的海钓人，让画面变得生动，也起到了点明视觉中心点的作用。『焦距：24mm ┊ 光圈：F11 ┊ 快门速度：1/160s ┊ 感光度：ISO200』

善用 RAW 格式为后期处理留有余地

大多数初学者在拍摄日出、日落场景时，得到的照片要么是一片漆黑，要么是一片亮白，部分画面完全没有细节。因此，对于新手摄影师而言，除了在测光与拍摄技巧方面要加强练习外，还可以在拍摄时为后期处理留有余地，以挽回这种可能"报废"的片子，即将照片的保存格式设置为 RAW 格式，或者 RAW&JPEG 格式，这样拍摄后就可以对照片进行更多的后期处理，以便得到最完美的照片。

拍摄冰雪的技巧

运用曝光补偿准确还原白雪

由于雪的亮度很高，如果按照相机价出的测光值曝光，会造成曝光不足，使拍摄出的雪呈灰色，所以拍摄雪景时一般都要使用曝光补偿功能对曝光进行修正，通常需增加 1~2 挡曝光补偿。也并不是所有的雪景都需要进行曝光补偿，如果所拍摄的场景中白雪的面积较小，则无须做曝光补偿处理。

▲ 未增加曝光补偿拍摄的画面

▲ 由于拍摄时增加了 1 挡曝光补偿，因此整个画面十分明亮。『焦距：20mm ┊光圈：F9 ┊快门速度：1/400s ┊感光度：ISO200』

用白平衡塑造雪景的个性色调

在拍摄雪景时，摄影师可以结合实际环境的光源色温进行拍摄，以得到洁净的纯白影调、清冷的蓝色影调或与夕阳形成冷暖对比影调，也可以结合相机的白平衡设置来获得独具创意的画面影调效果，以服务于画面的主题。

◀ 在日落时分，将白平衡设置为"荧光灯"模式，使画面色调呈现为淡紫色，营造出了一种梦幻的美感。『焦距：24mm ┊光圈：F9 ┊快门速度：5s ┊感光度：ISO100』

雪地、雪山、雾凇都是极佳的拍摄对象

在拍摄开阔、空旷的雪地时，为了让画面更具有层次和质感，可以采用低角度逆光拍摄，使得远处低斜的太阳不仅为开阔的雪地铺上一层浓郁的色彩，还能将雪地细腻的质感凸显出来。

雪与雾一样，如果没有对比衬托，表现效果则不会太理想，因此在拍摄雪山与雾凇时，可以通过构图使山体上裸露出来的暗调山岩、树枝与白雪形成对比。

如果没有合适的拍摄条件，可以将注意力放在类似于花草这样随处可见的微小景观上，拍摄在冰雪中绽放的美丽花朵也是不错的选择。

▲ 由于使用偏振镜过滤掉了天空中的杂色，提高了画面的饱和度，因此在蓝天背景的衬托下，冰挂显得更加洁白。『焦距：20mm ┊ 光圈：F16 ┊ 快门速度：1/125s ┊ 感光度：ISO100』

选对光线让冰雪晶莹剔透

拍摄冰雪的最佳光线是逆光、侧逆光，采用这两种光线进行拍摄，能够使光线穿透冰雪，从而表现出冰雪晶莹剔透的质感。

光线穿透冰晶，使其在暗背景的衬托下显得很通透，清脆的质感生动逼真。
『焦距：60mm ┊ 光圈：F5.6 ┊ 快门速度：1/800s ┊ 感光度：ISO320』

第 13 章 Nikon D780
动物摄影技巧

选择合适的角度和方向拍摄昆虫

拍摄昆虫时应注意拍摄角度的选择，在多数情况下，以平视角度拍摄能取得更好的效果，因为这样拍摄到的画面看起来十分亲切。

拍摄昆虫时还应注意拍摄的方向。根据昆虫身体结构的特点，大多数情况下最好从侧面拍摄，这样能在画面中看到更多的昆虫形体结构和色彩等特征。

不过也可以打破传统，从正面的角度拍摄，这样拍摄到的昆虫往往看起来非常可爱，很容易令人产生联想，使画面具有幽默的效果。

▲ 从这 4 张蝴蝶微距作品可以看出，采用与蝴蝶翅膀平面垂直的角度拍摄的效果最好。

手动精确对焦拍摄昆虫

对于拍摄昆虫而言，必须将焦点放在非常细微的地方，如昆虫的复眼、触角、粘到身上的露珠及花粉等位置，但要达到如此精细的程度，相机的自动对焦功能往往很难胜任。因此，通常使用手动对焦功能进行准确对焦，从而获得质量更高的画面。

如果所拍摄的昆虫属于警觉性较低的类型，应该使用三脚架以帮助对焦，否则只能通过手持的方式进行对焦，以应对昆虫随时飞起、逃离等突发情况。

▲ 手动对焦拍摄的小景深画面，虚化的背景很好地突出了昆虫主体。『焦距：90mm ┊ 光圈：F3.2 ┊ 快门速度：1/500s ┊ 感光度：ISO320 』

将拍摄重点放在昆虫的眼睛上

昆虫的眼睛有两种，一种是复眼，每只复眼都是由成千上万只六边形的小眼紧密排列组合而成的，另一种是单眼，结构极其简单，只不过是一个突出的水晶体。从摄影的角度来看，在拍摄昆虫时，无论是具有复眼的蚂蚁、蜻蜓、蜜蜂，还是具有单眼结构的蜘蛛，都应该将拍摄的重点放在昆虫的眼睛上。这样不但能够使画面中的昆虫显得更生动，而且还能够让人领略到昆虫眼睛的结构之美。

▲ 使用点测光模式对黄蜂的眼睛进行测光，得到具有强烈感染力的画面。『焦距：180mm ┊ 光圈：F11 ┊ 快门速度：1/80s ┊ 感光度：ISO200』

选择合适的光线拍摄昆虫

拍摄昆虫的光线通常以顺光和侧光为佳，顺光拍摄能较好地表现昆虫的色泽，使照片看起来十分鲜艳动人；而侧光拍摄的昆虫富有明暗层次，有着非常不错的视觉效果。

逆光或侧逆光在昆虫摄影中使用得也较为频繁，如果运用得好，也可以拍摄出非常精彩的照片，尤其是在拍摄半透明体的昆虫，如蝴蝶、蜻蜓、螳螂等时，逆光拍摄的效果非常别致。

▶ 采用逆光拍摄蝴蝶，在深色背景的衬托下，其半透明状的翅膀表现得很别致。『焦距：100mm ┊ 光圈：F7.1 ┊ 快门速度：1/250s ┊ 感光度：ISO400』

捕捉鸟儿最动人的瞬间

一个漂亮的画面，只能够令人赞叹，而一个有意义、有情感的画面则会令人难忘，这正是摄影的力量。

与人类一样，鸟类同样拥有丰富的情感世界，也有喜悦哀愁，不同的情感会表现出不同的动作。以艺术写意的手法来表现鸟类在自然生态环境中感人至深的情感，就能够为照片带来感情色彩，从而打动观众。

因此，在拍摄鸟类时，可以注意捕捉鸟类之间喂哺、争吵、呵护的画面，这样拍出的照片就具有了超越同类作品的内涵，使人感觉到画面中的鸟儿是鲜活的，与人类一样有情、有爱，从而引起观众的情感共鸣。

▲ 两只天鹅正在亲密依偎，画面温馨且动人，由于运动幅度不大，使用 AF-S 单次自动对焦模式就可以获得较好的画面效果。『焦距：200mm ┊光圈：F9 ┊快门速度：1/500s ┊感光度：ISO200』

选择合适的背景拍摄鸟儿

对于拍摄鸟类来说，最合适的背景莫过于天空和水面。一方面可以获得比较干净的背景，突出被摄体的主体地位；另一方面，天空和水面在表达鸟类生存环境方面比较有代表性，例如，在拍摄鹳、野鸭等水禽时，以水面为背景可以很好地交代其生存的环境。

▲ 以蓝天作为背景拍摄的飞鹰，简单、明了的背景很好地衬托出了飞鹰的身姿。『焦距：40mm ┊光圈：F8 ┊快门速度：1/800s ┊感光度：ISO320』

选择最合适的光线拍摄鸟儿和游禽

在拍摄鸟类时，如果其身体上的羽毛较多且均匀，颜色也很丰富，不妨采用顺光进行拍摄，以充分表现其华美的羽翼。

如果光线不够充分，不妨采用逆光的方式进行拍摄，以将其半透明的羽毛拍摄成为环绕身体的明亮的外轮廓线。

如果逆光较强，可以针对天空较明亮处测光，并在拍摄时做负向曝光补偿，从而将鸟儿表现为深黑的剪影效果。

▲ 逆光照射下使用长焦镜头拍摄，波光粼粼的水面上一只美丽的天鹅的羽毛呈半透明状，画面极具美感，不失为一幅好的作品。『焦距：200mm ┊光圈：F8 ┊快门速度：1/250s ┊感光度：ISO200』

▲ 采用顺光拍摄，可以很好地表现鸟儿羽毛的质感与颜色。『焦距：500mm ┊光圈：F6.3 ┊快门速度：1/320s ┊感光度：ISO400』

选择合适的景别拍摄鸟儿

要以写实的手法表现鸟类，可以采取拍摄整体的手法，也可以采取拍摄局部特写的手法。

表现整体的优点在于，能够使照片更具故事性，纪实、叙事的意味很浓，能够让观众欣赏到完整且优美的鸟类形体。

如果要拍摄鸟类的局部特写，可以将着眼点放在如天鹅的曲颈、孔雀的尾翼、飞鹰的硬喙、猫头鹰的眼睛这样极具特征的局部上，以这样的景别拍出的照片能给人留下深刻的印象。如果用特写表现鸟类的头部，拍摄时应对焦在鸟儿的眼睛上。

▲ 用特写的景别拍摄别具特色的鸟儿头部，纤毫毕现的头部给人极强的视觉冲击力。『焦距：300mm ┊光圈：F5 ┊快门速度：1/400s ┊感光度：ISO200』

第 14 章 Nikon D780
建筑摄影技巧

合理安排线条使画面有强烈的透视感

拍摄建筑题材的作品时，如果要保证画面有真实的透视效果与较大的纵深空间，可以根据需要寻找当地附拍摄角度和位置，并在构图时充分利用透视规律。

在选取具有平行的轮廓线条的建筑物，如桥索、扶手、路基，使其在远方交汇于一点，从而营造出强烈的透视感，这样的拍摄手法在拍摄隧道、长廊、桥梁、道路等题材时最为常用。

如果所拍摄的建筑物体量不够宏伟、纵深不够大，可以利用相机广角端夸张强调建筑物线条的变化，也可以在构图时选取排列整齐、变化均匀的对象，如一排窗户、一列廊柱、整齐的地面的瓷砖等。

▲ 利用广角端拍摄的走廊，由于透视的原因，其结构线条形成了向远处一点汇聚的效果，从而大大延伸了画面的视觉纵深，增强了画面的空间感。『焦距：18mm ┊光圈：F5.6 ┊快门速度：1/6s ┊感光度：ISO100』

逆光拍摄勾勒建筑优美的轮廓

逆光对于表现轮廓分明、结构有形式美感的建筑非常有效，如果要拍摄的建筑环境比较杂乱且无法避让，摄影师就可以将拍摄的时间安排在傍晚，利用天空的余光将建筑拍摄成为剪影。此时，太阳即将落下、夜幕将至、华灯初上，拍摄出来的建筑画面中不仅有大片的深色调区域，还伴有星星点点的色彩与灯光，画面明暗平衡、虚实相衬，而且略带神秘感，能够引发观众的联想。

在实际拍摄时，只需要针对天空中的亮处进行测光，建筑物就会由于曝光不足而呈现为黑色的剪影效果。如果按此方法得到的是半剪影效果，可以通过降低曝光补偿使暗处更暗，从而使建筑物的轮廓更明显。

▲ 夕阳西下，以暖色的天空为背景，采用逆光拍摄，被摄建筑呈现为美妙的剪影效果。『焦距：50mm ┊光圈：F14 ┊快门速度：1/500s ┊感光度：ISO160』

用长焦镜头展现建筑独特的外部细节

如果觉得建筑物的局部细节非常完美，则不妨使用长焦镜头，专门对局部进行特写拍摄，这样可以使建筑的局部细节得到放大，从而给观众留下更加深刻的印象。

▲ 利用长焦镜头拍摄古典建筑的局部，其精美的雕刻让观者感受到了建筑的辉煌与气派。『焦距：200mm ┊光圈：F6.3 ┊快门速度：1/500s ┊感光度：ISO160』

通过对比突出建筑的体量感

在没有对比的情况下，很难通过画面直观判断出一个建筑的体量。因此，如果在拍摄建筑时希望体现出建筑宏大的气势，就应该在画面中加入容易判断大小体量的元素，从而通过大小对比来表现建筑的气势，最常见的元素就是建筑周边的行人或者大家比较熟知的其他小型建筑。总而言之，就是用大家知道体量的景物或人物来对比判断建筑物的体量。

▲ 以画面下方的人物与车辆作为对比，突出了建筑的高大。『焦距：23mm ┊光圈：F16 ┊快门速度：5s ┊感光度：ISO160』

用高感光度拍摄建筑精致的内景

在拍摄建筑时，除了拍摄宏大的整体造型及外部细节之外，也可以进入建筑物内部拍摄内景，如歌剧院、寺庙、教堂等建筑物内部都有许多值得拍摄的细节。

由于室内的光线较暗，在拍摄时应注意快门速度的选择，如果快门速度低于安全快门，应适当开大几挡光圈。由于 Nikon D780 相机的高感光度性能比较优秀，因此最简单有效的方法是直接使用 ISO1600 甚至 ISO3200 这样的高感光度进行拍摄，从而以较小的光圈、较高的快门速度表现建筑内部的细节。

▶ 拍摄较暗的建筑内景时，可使用大光圈来增加镜头的进光量，并适当提高感光度以提高快门速度。『焦距：16mm ┊光圈：F5 ┊快门速度：1/40s ┊感光度：ISO1000』

拍摄蓝调天空夜景

要表现城市夜景，在天空完全黑下来后才去拍摄，并不一定是个好选择，虽然那时城市里的灯光更加璀璨。实际上，当太阳刚刚落山、夜幕即将降临、路灯也刚刚开始点亮时，才是拍摄夜景的最佳时机。此时天空具有更丰富多彩的颜色，大部分是蓝紫色，而且在这段时间拍摄夜景，天空的余光能勾勒出被摄体的轮廓。

如果希望拍摄出深蓝色调的夜空，应该选择一个雨过天晴的夜晚，由于大气中的粉尘、灰尘等物质经过雨水的冲刷而降落到地面上，天空因能见度提高而变为纯净的深蓝色。此时，带上拍摄装备去拍摄天完全黑透之前的夜景，会获得十分理想的画面效果。画面将呈现出醉人的蓝色调，让人觉得仿佛走进了童话故事里的世界。

▲ 在日落后的傍晚拍摄大桥夜景，由于色温较高，因此天空的色调偏冷。为了增强画面的蓝调氛围，使用了色温较低的"荧光灯"白平衡模式。『焦距：28mm｜光圈：F8｜快门速度：10s｜感光度：ISO100』

长时间曝光拍摄城市动感车流

　　夜晚车流留下的长长的光轨，是绝大多数摄影师喜爱的城市夜景题材之一。但要拍出漂亮的车灯轨迹，对拍摄技术有较高的要求。

　　很多摄友拍摄城市夜晚车灯轨迹时常犯的错误，是选择在天色全黑时拍摄，实际上应该选择天色未完全黑暗时进行拍摄，这时的天空有宝石蓝般的色彩，拍出来的天空才会漂亮。

　　如果要让照片中的车灯轨迹呈迷人的 S 形线条，拍摄地点的选择很重要，应该在能够看到弯道的地点进行拍摄。如果在过街天桥上拍摄，那么出现在画面中的灯轨线条必然是有汇聚效果的直线条，而不是 S 形线条。

　　拍摄车灯轨迹一般选择快门优先模式，并根据需要将快门速度设置为 30s 以内的数值（如果要使用超出 30s 的快门速度进行拍摄，则需要使用 B 门）。在不会过曝的前提下，曝光时间的长短与最终画面中车灯轨迹的长度成正比。

　　使用这一拍摄技巧，还可以拍摄城市中其他有灯光装饰的对象，如摩天轮、音乐喷泉等，使运动的发光对象在画面中形成光轨。

▲ 三脚架配合低速快门，使拍出的城市夜晚的车灯轨迹更加璀璨，画面不仅充满了动感，而且还呈现出了十分迷人的效果。『焦距：17mm ｜光圈：F16 ｜快门速度：25s ｜感光度：ISO100 』

光线摄影